乡村景观特色研究丛书 | 唐晓岚主编

国家自然科学基金项目（31270746）
教育部人文社会科学研究青年基金（19YJC760130）
江苏省高等学校自然科学研究项目（18KJD220001）

# 乡村景观源汇博弈

Xiangcun Jingguan Yuanhui Boyi

熊 星 唐晓岚 著

东南大学出版社
SOUTHEAST UNIVERSITY PRESS
南京 · 2019

## 内容提要

本书将生态／人文景观协同存续的视角切入传统乡村景观保护之中,以应对当前我国快速城镇化背景下传统乡村景观遭受现代化冲击的现实问题。基于"源汇"景观格局的参数化、动态性特征,以生态／人文景观系统为研究对象,通过梳理乡村景观中"源""汇"景观单元的类别与特性,分析其景观博弈方式和相互作用规律。以地处江南发达地区、城乡矛盾突出的苏州西山为典型研究案例,基于地理信息系统软件(ArcGIS)平台的最小累计阻力模型(MCR)等参数化模型,模拟各类别多个"保护源"和"风险源"的生长与扩张路径,形成"正向"系统存续和"负向"风险预警"源汇"格局,并叠合为正负双向的"源汇"格局,以格点频率序列划定生态／人文景观空间安全等级及适宜性分区,提出相应的保护、控制及引导策略,寻找一条兼顾生态／人文景观保护和现代社会经济发展的景观导控途径,为传统村镇及乡村景观的规划、管理以及相关政策的制定提供科学依据。

本书采用理论和实证相结合的写作方式,广泛适用于风景园林学、环境设计、建筑学及城乡规划学等专业的从业者,包括相关学科的研究者、教师、学生和规划设计实践工作者等阅读使用。

### 图书在版编目(CIP)数据

乡村景观源汇博弈 / 熊星,唐晓岚著 . —南京:东南大学出版社,2019.11

(乡村景观特色研究丛书 / 唐晓岚主编)

ISBN 978-7-5641-8463-6

Ⅰ . ①乡… Ⅱ . ①熊… ②唐… Ⅲ . ①乡村－景观保护－研究－中国 Ⅳ . ① TU986.2 ② X321.2

中国版本图书馆 CIP 数据核字(2019)第 124342 号

书　　名:乡村景观源汇博弈

著　　者:熊　星　唐晓岚

责任编辑:徐步政　李　倩　张　琰　　　邮箱:1821877582@qq.com

出版发行:东南大学出版社　　　　　　　社址:南京市四牌楼 2 号(210096)

网　　址:http://www.seupress.com

出 版 人:江建中

印　　刷:江苏凤凰数码印务有限公司　　排版:南京布克文化发展有限公司

开　　本:787mm×1092mm　1/16　　　印张:11.25　字数:270 千

版 印 次:2019 年 11 月第 1 版　2019 年 11 月第 1 次印刷

书　　号:ISBN 978-7-5641-8463-6　　　定价:49.00 元

经　　销:全国各地新华书店　　　　　　发行热线:025-83790519　83791830

太湖风景名胜区是我国第一批国家级风景名胜区，以山水组合见长，具有吴越文化传统和江南水乡特色。湖光山色与镶嵌在山水环境中的村落所构成的田园风光是太湖风景名胜区的特色所在。在太湖风景名胜区中大大小小的古镇、古村中，有甪直、木渎、东山 3 个国家级历史文化名镇，金庭（西山）、光福 2 个江苏省历史文化名镇，明月湾、陆巷、东村、杨湾村、三山村 5 个国家级历史文化名村。其中，东山镇有杨湾古村、翁巷古村、陆巷古村、三山古村 4 个古村，金庭（西山）镇有明月湾古村、东村古村、植里古村、涵村古村、堂里古村、甪里古村、东西蔡古村、后埠古村 8 个古村。

村落近年来成为旅游、观光等乡村开发活动蓬勃发展的热点。随着古村旅游的升温，快速增长的经济、不断膨胀的人口规模、急剧增加的游客数量，使得环太湖地区所剩不多的有江南韵味的古村正在面临着再次被破坏的危险：其一，盲目新建仿古建筑，甚至是与古村落风格不相符合的建筑，破坏了整个古村原来的格调与特色；其二，旅游活动的开发一方面使修缮房屋、整治街道加快、加强，另一方面却破坏了村落原有的居住环境。这些均迫使学界不得不对此类村落的命运给予重视。

风景名胜区村落景观有别于城市景观和自然景观，它兼具农业生产景观、农耕生活景观、地域山水景观、历史遗存景观、风土文化景观以及旅游服务景观的特点，它既包括建筑、巷道、交通、栽培植物、驯化动物、服饰、人物等有形的元素，也包括生活方式、风土人情、宗教信仰、审美观等无形的元素；它既是一个空间单元，也是一个社会单元。我们既要使这些传统村落得到保护与发展，又要使其不会在保护与发展中失去传统特色与文化价值；既要保存世界文化的多样性，又要为村落的发展寻找出路，改善和提高村落居民的生活质量。

基于国家自然科学基金项目"基于 3S 技术的太湖风景名胜区中村落景观特色研究"（编号 31270746）的支持，我们团队将"乡村景观特色研究"作为丛书主题，利用 3S［遥感（RS）、地理信息系统（GIS）、全球定位系统（GPS）］技术选取具有江南水乡特色的太湖风景名胜区及其村落进行多角度的分析与研究，陆续出版系列成果。该系列成果不仅可以完善风景名胜区的景观体系，而且可以为风景名胜区中的村落发展提供科学研究的技术平台。

唐晓岚

2019 年 9 月

在广袤的乡村地区，山峦、农田、聚落、道路、水系等不同类型的景观元素相互交织、嵌合，经过千百年的演化与传承，在天、地、人共同作用下，形成了众多特色多元、风貌多样的文化范式和地域风貌，是人类共同的文化遗产与景观财富。千百年来中华民族浸润在农耕文化的滋养中繁衍生息，各地乡村居民利用乡土材料、运用传统农业技术进行劳作，逐步营造出一个协同、完整、稳定且不断拓展的乡村地景系统，这是文化景观遗产中不可或缺的重要组成部分。

近年来，党和政府密切关注农村的建设发展和传统村落保护。2013 年 5 月，习近平总书记在考察湖北农村时指出，建设美丽乡村，不能大拆大建，特别是古村落要保护好。2014 年 12 月，在全国政协双周协商座谈会中，习近平总书记又提出农村建设应该让居民"望得见山，看得见水，记得住乡愁"。作为"山""水""乡愁"最基础、最根本的物质和精神载体，传统村镇得到了前所未有的重视。2017 年，党的十九大提出"乡村振兴"战略，坚持农业农村优先发展，按照产业兴旺、生态宜居、乡风文明、治理有效、生活富裕的总要求，加快推进农业农村现代化。作为一个历史悠久的国家，复兴传统村落对我国乡村的振兴与可持续发展具有重要的推动作用。然而，传统乡村景观产生与演进所牵涉的自然、社会因素复杂，地方相关部门往往对其认知欠缺、重视不足、保护乏力。风水林被砍伐、传统河道被裁弯取直、古寺庙与祠堂被拆除的事件在我国乡村地区屡见不鲜。此类乡土景观的破坏带来的不仅是景观风貌的残缺，更摧毁了传统乡村地区长期以来形成的生态、文化和社会系统。

本书以此问题为立足点，借入在物质流动和景观过程分析中具有突出优势的"源汇"理论与方法，模拟、推衍在乡村地区各类景观单元的博弈规律及相互作用过程，以获取传统乡村景观的安全之本与可持续利用之道。在实证研究方面，以地处江南发达地区，工业化、城镇化、旅游化矛盾较为突出的苏州西山传统村落群为例，通过调研、回溯和梳理其自然本底、人文过程以及所受景观风险，运用正负双向"源汇"格局的方法划定安全分区，提出相应的保护、控制及引导策略。本书从以下几个方面依次展开：

（1）传统乡村景观"源汇"格局及导控途径理论建构

分析传统乡村景观面临的时代困境；梳理"源汇"理论在各学科的研究进展，分析其在传统乡村景观保护与安全分析中的可行性和现实意义；归纳乡村景观中"源""汇"的作用、类别和特性；提出基于正负双向"源汇"格局的传统乡村景观导控途径的理论假设、研究思路、途径框架及实现路径。

（2）西山传统乡村景观的自然本底与人文过程探究

从西山传统乡村地域文化景观的特征和构成要素入手，剖析其乡村地域文化景观形成和演进的历史环境、时空背景，梳理其自然地理本底与社会人文发展过程，勾勒出西山传统村落群从萌芽、兴盛至衰败、重构的历史进程，在此基础上分析其当前面临的安全困境，旨在为西山传统乡村景观"源汇"格局的构建与量化分析奠定基础。

（3）西山传统乡村景观"源汇"格局及导控途径实证研究

其一，在归纳西山独特的地域文化基础上，提炼、补缀文化景观系统的各类"保护源"，推导相应的"汇"阻力基面，构建"正向"的地域文化景观系统存续"源汇"格局；其二，梳理和筛选侵扰"风险源"，辨识"村镇扩张"和"旅游侵扰"具体风险源地，推导相应的"汇"阻力基面，构建"负向"的地域文化景观风险预警"源汇"格局；其三，叠合系统存续和风险预警"源汇"格局，形成正负双向的"源汇"格局，并以此划定生态／人文景观存续安全等级，分区域提出相应的保护、控制和引导策略。

本书的主要特点在于：第一，不局限于点状遗产的保护方法，基于地域文化景观视角组构传统乡村景观的系统性空间网络及整体性安全路径；第二，规避一般性景观格局的动态性缺失，将过程性"源汇"格局引入乡村地域文化景观领域；第三，扩展过去以单向景观过程推衍为主的"源汇"格局，提出并实证正负双向"源汇"格局在乡村地域文化景观中的实用性与适用性。

本书是在唐晓岚承担的国家自然科学基金项目（31270746）支持下完成的南京林业大学博士学位论文《基于"源汇"格局的传统乡村地域文化景观安全途径研究》基础上进行深化与整理的。感谢潘峰、王军围、张卓然和刘澜在现场调研、数据分析及书稿组织方面所给予的帮助，感谢南京林业大学李明阳教授在地理信息系统（GIS）技术方面的指导和协助，感谢雷军成博士从生态学的视角在空间信息技术处理方面所给予的关键指导，也感谢太湖风景名胜区管理委员会金冬冬等人在太湖地区调研过程中所给予的帮助与所提供的便利。

熊　星　唐晓岚

2019 年 1 月

# 目录

# 1 传统乡村地域文化景观的"源汇"理论设想

在我国乡村地区，山峦、农田、聚落、道路、水系等不同类型的景观元素相互交织、嵌合，经过千百年的演化与传承，在天、地、人共同作用下，形成了众多特色多元、风貌多样的文化范式和地域风貌，是人类共同的文化遗产与景观财富。

通常认为，乡村景观是某个地域人类文化与自然环境的耦合体，其保存了乡村地域的物质形态——历史景观和非物质形态——传统习俗，与其所依存的景观环境以及人们综合感知而形成的景观意向，共同形成较为完整的传统乡村地域文化景观空间体系，是典型的文化景观类型。因此研究乡村景观，离不开探知乡村所在的自然地理、地域环境和文化内涵。

## 1.1 地域文化景观的内涵与维度

人类的生产和社会活动总是在一定的自然地理环境中生存与发展起来的。根植于自然地理环境中的人类活动，结合人类主动的改造和积极的创造，共同形成某一地域范围内所特有的活动状态。某一个区域或者说地域通常包含自然地理、生态和人类生态三个系统[①]，其中自然地理环境是人类和其他生物存在的基础。不同自然地理环境的地域分异[②]是地域文化景观学说的基础，且受到文化圈和相互作用圈[③]等理论的影响[1-2]。

我国一些学者认为，研究地域文化景观的关键在于研究地方性环境、地方性知识和地方性物质空间三者之间的内在关联和必然性，研究者应聚焦地方性物质空间，以建筑与聚落、土地利用、水资源利用方式和居住生活模式四个方面为核心[3]。

通常而言，地域文化景观指的是某一地域范围内自然景观、人文景观及人类活动所表现出的地域特征总和[3]，其在物质、非物质因素的耦合作用和时空动态演进过程中会逐步地可持续进化（图 1-1）。正如美国地理学家卡尔·苏尔（Carl Sauer）所绘制的文化景观演进过程图示，充分反映出自然景观是通过对文化的映射，在时间的推移作用下形成了文化景观[4]（图 1-2）。地域文化景观的研究需从物质、非物质、时间和空间等维度展开讨论（图 1-3）。

中国广西龙脊　　　　　　　伊朗胡齐斯坦省　　　　　　意大利托斯卡纳

图1-1　中国广西龙脊、伊朗胡齐斯坦省、意大利托斯卡纳等地域呈现出的不同景观面貌

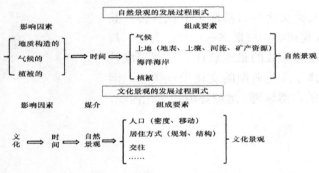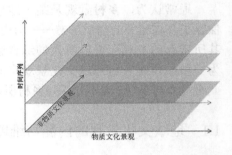

图1-2　苏尔的文化生态学图示　　　　　　　　　图1-3　地域文化景观的维度

### 1.1.1　物质与非物质相耦合

马克思认为，自然环境在人类生存实践过程中逐渐演化出适合人类生存的环境属性，即所谓自然的人化过程[5]。文化景观是囊括了自然与人文关系的综合景观对象，它具有物质与价值相融合的双重属性[6]。

首先，一个地区的自然地理环境是塑造文化景观最根本的形态基础，在地域文化景观形成的过程中起到了重要作用。之后随着地域文化的不断演进，文化因素成为地域文化景观形成和变化的内在驱动力。

人类在改变自然环境、创造地域文化景观的同时，必然会留下适应或改造自然环境以及该地域人类文明的诸多印记（图1-4）。如有学者认为我国传统民居和农业类型受到气候环境、地理因素、哲学思想、宗教信仰、人

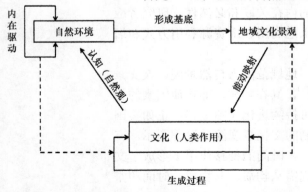

图1-4　地域文化景观与自然环境的相互作用机制

表 1-1　我国传统地域文化综合分析表

| 地理区域 | 气候 | 经济类型 | 宗教 | 地域文化与聚落特征 |
|---|---|---|---|---|
| 长江、黄河、大运河主要流域 | 温带和亚热带温润半湿润区 | 农耕，沿海有商业 | 佛教、道教 | 古代农业文明发源地，哲学思想发源地，农业、商业发达 |
| 江南丘陵 | 亚热带湿润区 | 农耕，沿海有商业 | 佛教、道教 | 多有聚族而居的遗风 |
| 云贵高原 | 亚热带湿润区 | 农耕 | 多为原始崇拜 | 多民族杂居状态，民居多姿多彩 |
| 青藏高原 | 高原高山带半湿半干区 | 游牧及农耕 | 喇嘛教 | 以藏族为主体，民居形态多为毡房和碉房 |
| 西疆沙漠 | 温带和中温带干旱区 | 绿洲农耕 | 伊斯兰教 | 以维吾尔族为主体，民居布局以适应气候为主 |
| 河西走廊 | 中温带干旱及半湿润区 | 农耕 | 伊斯兰教 | 地处青藏高原和内蒙古高原夹缝，受多方文化影响，民居多为平房有院 |
| 近长城的内蒙古高原 | 中温带干旱区 | 游牧 | 以佛教为主 | 以蒙古族为主，民居多为蒙古包等形式 |
| 东北森林 | 中温带和寒温带湿润区 | 以农耕为主 | 以佛教为主 | 以满汉为主，汉化较重，民居兼有两者特点 |

口密度和经济类型等方面的综合影响，在不同地区和文化背景之间有着明显的差异，表现出不同层级的地域单位系统和人文单位系统[7]（表 1-1）。可以说一个完整的地域文化景观系统是由以社会生产、民俗文化、精神信仰等活动为核心的非物质文化内容和以人居环境为核心的物质性载体构成[6]。因此，保护地域文化景观，不仅要重视对历史文化遗迹实体的保护，还需重视对地域文化存续所依托的自然地理环境，以及具有地域特征的居住、生产、民俗、信仰等生活方式的保护。

## 1.1.2　时间与空间动态演进

文化景观是"特定时间内形成某个地区基本特征的自然与人文因素复合体"[8]，每个时代的人类群体都按照其文化标准对自然环境施加影响并将其改变为文化景观。1929 年，美国学者惠特尔西（Whittlesey）提出了"相继占用"（Sequent Occupance）的概念，认为人类社会占用地理环境的历史演变过程是地域历史研究的重要范畴，主张用一个地区在历史上所遗留下来的不同文化特征来说明该地区文化景观的演进状况，并认为地域文化景观的变化是在多个阶段序列过程中持续发生的，而此阶段演化是内因作用的结果[9]。我国众多地区所存在的历史文化层叠均印证了这一观点，如江苏省淮安地区不同时期发展出的各类型地域文化（图1-5）在不同时期形成了叠进的地域文化景观[10]。

图 1-5 淮安地域文化层叠图示

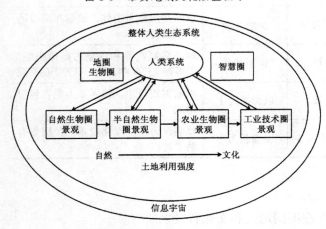

图 1-6 文化景观演进图示

另外，在地域文化景观的变化过程中，自然景观向文化景观的演进是自然与文化二者相互作用、相互影响而形成的一种动态关系，近自然景观通常会随着生产力进步和干预能力增强逐步转变为人化景观[11]（图 1-6）。

在这个演进过程中，地域文化景观的形态会顺应当地职能与社会文化状况而发生变化。若地区社会发展的环境背景发生变动，文化内因的主导动力也会发生相应的转变和调整，从而带来文化景观连锁式的变化与革新。因此，一旦地域文化景观先前的动力机制被取代，则景观中原有的空间秩序与要素的固有组合关系都将逐渐丧失存在的意义与价值，建筑、环境、空间要么废弃、衰败，要么在全新的文化动力机制下发生景观重构。正如长期浸润在江南农耕文化下的无锡华西村，分别在 1970 年代和 1990 年代被"人民公社"和"新农村"建设所改变，造成了景观形态的巨变与重构（图 1-7）。

## 1.2 传统乡村地域文化景观的"三性"

传统乡村地域文化景观是一个地区乡村土地表面文化现象的综合体，反映了该地区的人文地理特征、人类活动历史以及独特的地域精神[12]。从字面上来理解，传统乡村地域文化景观被"传统""乡村""地域"三个词所限定，因此可从三个维度来解析：从时间维度来看，传统乡村地域文化景观是传统、非现代的景观类型；从空间维度来看，传统乡村地域文化景观是乡村地区的景观类别，属于非城市、城镇建成区的地理范围；从特征维度来看，传统乡村地域文化景观是具有地域特征属性的景观类型，强调特殊的地域背景和区域间独特的人地交互关系（图 1-8）。

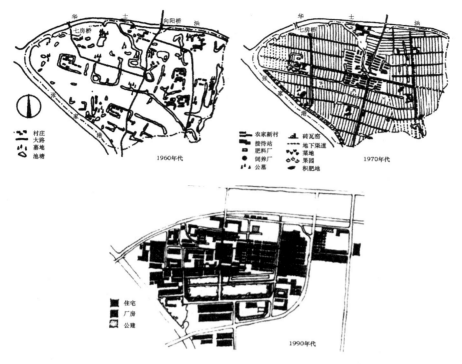

图 1-7 1960 年代、1970 年代和 1990 年代的华西村景观变迁

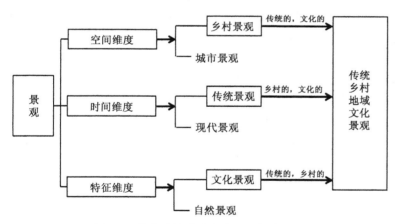

图 1-8 传统乡村地域文化景观概念来源

## 1.2.1 乡村性

乡村性是传统乡村地域文化景观中最易直观感受的特性,其显著特征表现在以农业为主的生产景观、粗放的聚落景观和土地利用景观。大量自然、半人工景观的存在是乡村景观区别于城市景观的关键特征。乡村景观往往包含聚落、农田、水体、道路等不同类型的景观类别,其景观之间往往相互组构,形成聚合自然景观、聚落景观和经济景观特色为

一体的综合景观体系[13]。西方研究者普遍采用乡村性指数（Rurality Index）来判断一个地区的乡村特征存留程度，以更深入地分析乡村发展水平与景观特征研究。学者普遍认为乡村性指数是衡量乡村自然景观特征和文化景观留存的重要指标，其指标通常反映了乡村景观地方性与现代化、真实性与商业化、保护与发展之间的均衡程度[14]。

### 1.2.2 地域性

传统乡村地域文化景观是与特定地理环境相适应而产生及不断演进的景观类型，是乡村地方性历史文化的积累和体现，地域性和文化典型性是其显著特点。一个地区的居民心理要素、历史要素、技术要素、农艺要素、经济要素等均能影响其文化景观的外在面貌④。我国考古学家苏秉琦认为，"人类活动的地域自然条件不同，获取生活资料的方法不同，生活方式也就各有特色……我们恰可根据这些物质文化面貌的特征去区分不同的文化类型"[15]。地理学者刘沛林认为聚落等乡村景观由不同的景观区系所构成，并可通过"景观基因"等典型构成要素来识别和划分地理区域[16-17]。

首先，通常来说，地域性特征主要体现在传统聚落、建筑以及土地利用等方面。传统聚落是在特定自然地理条件以及人类历史发展的影响下逐渐形成的建筑组群，其形态和特征是自然、地理、人文、历史等多因素综合作用的结果和外在反映[18]。例如我国福建土楼、湘西吊脚楼、赣南围屋和陕西窑洞等传统建筑类型，体现出的是其适应当地自然和社会环境而呈现出的相异面貌。其次，以农业生产景观为主的土地利用景观，尤其是那些历史悠久、结构复杂的传统农业景观和农业耕作场景同样也能反映特定地域特征，如以色列的柑橘林景观，菲律宾的农业遗产景观，我国云南的哈尼梯田文化景观、浙江青田的"稻鱼共生"，均是具有极强地域代表性的农业生产土地利用景观（图1-9、图1-10）。

图1-9　我国云南哈尼梯田　　　　图1-10　菲律宾巴拿威梯田

### 1.2.3 传统性

作为人类最早和最普遍的聚居形式，乡村经历了长久的变迁，凝聚了人类农业文明的结晶，体现了人与自然和谐共处的智慧，是传统文化的"活化石"，因而传统性是大部分乡村景观的共有特性。

乡村景观是可持续进化的景观类型，不同时期的生产力和经济发展水平产生出不同的生产生活方式，呈现出乡村地区独特的聚落、农场和水利用等景观类型，这些传统生活、生产要素世代与当地居民息息相关，是乡村景观丰富性和独特性的根本所在[19]。传统性亦隐含在非物质文化内容之中，传统村镇民间社会交往等各类活动往往遵循着世代沿袭下来的宗法、习俗和习惯，而这些潜在的乡规民俗维系着既有的社会关系，在乡村社会中形成了较稳定的礼法、规则和秩序。因此可以说，乡村地域文化景观的传统性既包括传统的物质形态，也包括传统的非物质文化内容，是其长时期地域文化和景观空间耦合及演进过程中形成的重要特质。

## 1.3 传统乡村地域文化景观的当代困境

### 1.3.1 乡村地区后人工景观特征凸显

随着工业、信息文明逐步替代农业文明作为强势主导的社会发展动力，工业化、城市化、旅游业的推动以及全球化进程正在粗暴地改变原有乡村地区的景观风貌[20-21]，乡村地区面貌呈现出"破碎化""趋同化""公园化""规则化""杂糅化"等后人工景观特征（图 1-11）[22-23]。

如太湖所在的江南发达地区，受城镇化、工业化等因素影响，近年来乡村景观正呈现出典型的后人工景观特征：①城市圈经济的冲击使乡村地区土地利用属性快速变化，区域用地类型严重破碎化，地域景观被分割成以历史文化村镇为中心的景观"孤岛"[23-24]；②农业规模化、集中化带来的农业景观均质性增强，以及廊道结构简单化造成的千篇一律、尺度巨大的现代农业景观面貌，最终导致精耕细作的传统农业模式急剧裂变[25]；③某些古村镇旅游兴起带来的商业化模式促使区域景观趋同化，以及为迎合外来游客，区域景观遗产的原真性大幅下降；④过度开发的乡村旅游，使得传统村镇

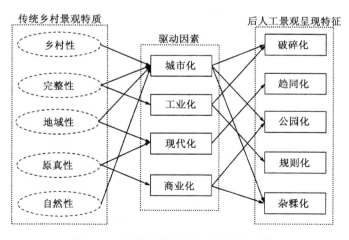

图 1-11 传统乡村地域文化景观演变特征

还面临生态环境保护问题，自然资源过度开发、水系污染、耕地被侵占等事件频频出现。

### 1.3.2 地域文化景观系统空间的衰退

传统乡村地域文化景观立足于各个不同区域的地理环境和行为模式，是人居、职能、精神等文化模式在漫长时空过程中所叠合空间载体的内容总和[26]。其形成的生活、生产、精神信仰空间以及所依存的生态空间组成了该地区的复合景观系统空间（图 1-12）。

传统村镇中景观要素所代表的精神内涵远大于其表面所呈现出的地表面貌。溪流、界碑、耕地、古道或庙宇，往往都是一村、一族精神寄托和文化认同的关键所在。在城市化、现代化和乡村旅游的多重冲击下，传统乡村景观的特征与面貌被改变，相应的景观功能和精神支撑系统空间也随之瓦解。因此，有学者提出保护传统乡村景观需要保护其整体的自然与人文生态系统，并深入探索传统乡村的社会发展、土地利用方式、物质空间格局和传统生活场景以及旅游开发利用等因素的持续性影响[27]。

鉴于此，本书基于"源汇"理论和方法，在不可避免的现代化进程和旅游开发的现实基础上，尝试系统性保护传统乡村地域文化景观的各类空间源地，寻找传统乡村地区人地关系的有效生长点，重塑地域文化景观的支撑系统，促进景观的健康和可持续发展。

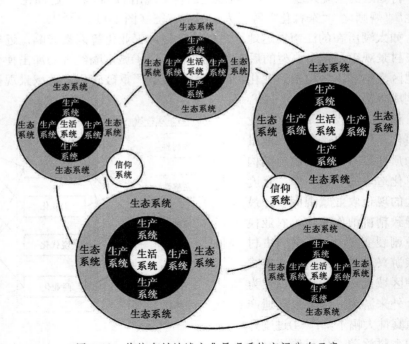

图 1-12　传统乡村地域文化景观系统空间分布示意

## 1.4 "源汇"理论与传统乡村地域文化景观

"源汇"理论认为物质和景观的变化过程存在着"源"和"汇":"源"指某个过程的起点和源头;"汇"则指的是某个过程消失的地点⑥。学者通过识别"源""汇"之间的相互作用和消长关系,探讨某一角度上事物、物质和景观过程中的相互作用力。"源汇"理论的精髓和内核在于"过程",其以哲学与自然科学的综合思辨方式,尝试从能量、景观等物质的流动、转化规律来分析物质扩散、消失和演变的过程。"源汇"概念和理论在各个学科领域均有不同类型的探索和扩展,主要在大气环境科学、水环境科学、保护生物学、水土保持学和景观生态学等学科中有较为深入的研究。

### 1.4.1 "源汇"理论研究进展概述

1)环境科学

"源汇"理论及方法在环境科学领域有较为广泛的实践探索,学者们主要在大气环境和水环境两个方向展开研究。在大气环境科学中,"源"通常指大气污染物产生的地点,"汇"通常指污染物降解、消减和消失的地点。例如工厂废气排放、居民生活废气排放、交通尾气排放等均可被认为是大气污染的"源";其相对的"汇"则指可以吸收大气污染物的一些地区或生态系统类型。"源汇"模型可以反映大气污染物的来源和去向,"源""汇"概念的提出为解析大气污染物的来龙去脉提供了较为实用的模拟途径和研究手段[28-29]。

在水环境科学领域,"源"通常指进入水体所有污染物的来源,既可以是固体的也可以是液体的;既可以是来自陆地的污染物也可以是水体自身的污染物;既可以是具有明确位置的"点源"也可以是缺乏明确位置与时间特征的"面源"。"汇"则是指对污染水体起到净化作用的物质单元总和。在相关研究中,通过分析"源汇"效应可较为有效地判断影响区域的关键水污染"源区"[30]。

2)水土保持学

在水土保持学科领域,学者们通常运用"源汇"理论分析土壤的侵蚀过程,"源汇"格局的模拟可有效揭示不同景观格局中发生土壤侵蚀的风险,并可找出不利于水土保持的关键位置。如将不利于水土保持的坡耕地作为"源"的景观类型,将有利于水土保持的林地、草地等视为"汇"景观类型[31],并以植被覆盖、管理因子等因素来表征[32]。例如在某个河流区域,流域下方的林地、草地和湿地景观类型可以有效拦截从上游地区冲刷而来的养分颗粒物等其他物质,减缓水土流失和土壤侵蚀的发生,这即被认为是水土流失的"汇"景观类型。比较某一区域内"源汇"景观的空间配置格局、数量结构特征,可分析区域中水流等景观格局对土壤侵蚀过程的影响[33]。

3）保护生物学

"源""汇"概念与方法在保护生物学科，尤其是在复合种群的动态研究和濒危物种保护领域也具有突出地位。通过分析不同亚种群之间的"源汇"动态过程，可以判断一个复合种群的生存风险状况。如评价一个地区景观格局是否有利于目标物种的生存与保护，常通过分析目标物种生存所在的"源"（资源斑块）与"汇"（不利斑块）来评估此地区有利于目标物种生存的适宜程度以及生存与保护途径[34]。

4）景观生态学

近年来，"源汇"概念被引入景观生态学领域以解决景观格局指数难以将格局与过程有机融合在一起的技术局限[28]。学者们从一个全新的视角解读景观类型的含义及其在景观格局分析方面的应用价值[35]；运用"源汇"景观格局，在确定自然保护区的功能分区[36]、城市土地的适宜性评价[37]、景观生态安全格局[38]等方面作出了积极的探索。

在景观生态学领域，"源汇"格局构建一般有三个步骤：①从生态功能等角度将景观类型进行"源""汇"分类，并从中提取不同类型的生态源地；②基于 ArcGIS 等软件和相关数学模型划定生态安全格局；③采用成本距离模型，辨识潜在生态廊道和生态节点，最终构建区域生态网络[38]（图 1-13）。此外在生态过程中，阻碍体"汇"景观吸附"源"扩散的物质达到饱和后演化为一种新的景观类型——"流"，即不阻碍"源"扩张的景观类型[35]，"流"的提出是"源汇"理论在景观生态学领域的又一有益延展。

5）文化景观保护

近年来，学者们开始探索"源汇"理论与格局在文化景观保护中的运用。如有学者在北京近郊风景区的研究中，以八达岭、十三陵景区为"源"，各类土地利用类型为"汇"（表 1-2），基于最小累计阻力模型®（MCR）计算相对阻力以及文化景观保护的必要通达性[39]；另外还有学者在研究农村居民点扩张与文化景观保护关系时，以相关风景名胜区和保护地

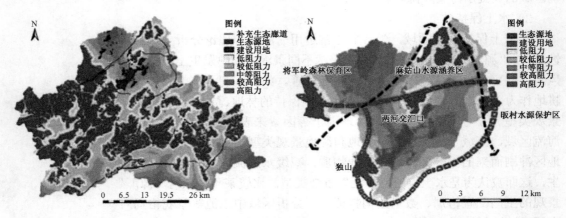

图 1-13　宁国市（左）和中心城区（右）补充生态廊道

表 1-2　基于风景名胜保护的不同土地利用类型相对阻力

| 土地利用类型（阻力因子） | 阻力系数 |
|---|---|
| 公路、农村道路 | 1 |
| 高速公路、国道 | 2 |
| 独立工矿地、铁路 | 10 |
| 疏林地、荒草地 | 20 |
| 居民点、果园 | 100 |
| 有林地、沙地、裸岩、旱地、水浇地、苗圃、菜地、水工建筑物、灌木林 | 200 |
| 坑塘水面、水库水面、滩涂 | 不可达 |

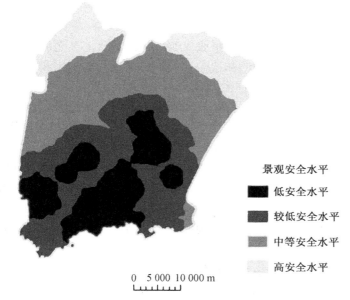

景观安全水平

■ 低安全水平

■ 较低安全水平

■ 中等安全水平

□ 高安全水平

0  5 000 10 000 m

图 1-14　基于"源汇"理论的宜兴市风景名胜保护安全格局

作为"源"类型,选取土地利用类型、与道路的距离和植被覆盖度为"汇"阻力基面,计算风景区的潜在扩张范围和安全等级[40](图 1-14)。

### 1.4.2 "源汇"理论楔入乡村景观保护的可行性与现实意义

目前我国已颁布的历史村镇遗产保护条例和相关名录中,对文化价值较高的传统村镇设有较为完备的保护体系和细则。而政府和相关规划编制单位对于镇域、市域、区域等中大尺度下乡村地域文化景观系统空间的网络构建、保护途径则相对缺少理论与方法支撑。目前部分学者主要采用静态景观格局指数结合人工判定的方式确定传统乡村地域文化景观的关键节点和遗产网络[41-42]。

"源汇"理论及格局是基于空间过程分析的方法,在景观过程性分析和景观网络搭建上具有突出性优势[28,35],强调景观空间的连续性和渐进性。在判别不同类型的生态、文化景观"源"的基础上,研究者利用最小累计阻力模型(MCR)[36-40]、重力模型(Gravity Model)[43]等空间算法,以推导生态 / 人文景观的保护廊道以及构建完整的景观网络。

本书正是在相关学者的研究基础上,尝试将"源汇"理论及景观格局运用于镇域尺度的乡村地域文化景观导控途径之中,基于对乡村地区各类景观单元的"源汇"效应分析及过程模拟,明晰不同自然条件、社会经济和政策因素对乡村景观保护及风险"源地"扩张与削减的综合影响,以及对传统乡村景观人文与生态过程的叠合分析,从而模拟乡村中各类景观单元的相互博弈,保护日益消减的传统乡村地域文化景观。

"源汇"理论楔入乡村景观至少存在以下三点适用性与可行性:

(1)"源汇"博弈性与乡村地区景观过程模拟

从"源汇"理论角度来看,扩张"源"与阻力"汇"之间的博弈被看作物质对空间的竞争性控制和覆盖过程,此类过程的判别和模拟是分析景观演变的关键途径[33]。在乡村地区,自然斑块之间、人工斑块之间、人工与自然斑块之间长期以来持续不断地出现这类空间博弈。例如在过去,乡村居民生产力水平不高,往往以某些地理位置较为优越的聚落为中心向周边自然区域进行空间扩张,扩张路径也一般优先选择在靠近水系的区域以及草地、裸地等低阻力"汇"区域,即生产或生活适应性较高的空间类型上,修筑道路、建筑以及开垦农地。如今人类生产力和科技水平大幅提升,出现了工业、商业、旅游业等新兴的源地类型,其作为强势"源"空间不断蚕食其他用地空间,造成传统乡村和生态斑块的持续消亡[44]。

因此,借由"源汇"格局模拟自然生态空间、传统乡村和现代用地之间的空间博弈过程,发掘其潜在扩张以及相互"挤压"的空间规律,有利于探索不同用地的适宜性区属和可持续发展路径。需要说明的是,"源汇"空间博弈过程并不局限于对物理空间的侵占,某些现代空间属性植入的传统空间外壳也被认为是现代空间对传统空间的侵蚀,如传统祠堂被作为现代宾馆等商业空间使用。

(2)"源汇"连续性与乡村地域文化景观网络搭建

随着工业、城市化和交通运输网络发展,乡村地区的地域文化景观破碎化成为突出性问题[41,44]。在我国,城市化的分散发展和成片推进以及不同等级交通体系的分割,均造成乡村地区的生态 / 人文景观被裁断、割裂,生态 / 人文景观的空间廊道和深层次的系统性联系也随之断裂。尤其是在经济发达省份和地区,曾经绵延于广阔大地间的传统地域景观演变为多个以历史村镇为中心的景观孤岛[27]。

目前,在较大尺度乡村地域文化景观保护的研究中,学者们往往通过评价传统乡村区域内的斑块密度、优势度、破碎度、传统性等单一或复合景观指数，来综合判断和划定文化景观保护网络[45]，是一类以静态景观格局为基础的生态／人文景观网络构建途径（图1-15）。本书利用"源汇"理论和格局在廊道与网络构建上的突出性优势，以传统乡村地区整体的自然、人文生态系统为重要研究对象，通过模拟乡村地域文化景观的潜在扩张路径，划定不同安全等级的保护范围，探寻生态／人文景观系统性网络构建途径以及连续性、整体性的保护模式。

（3）"源汇"安全等级与传统乡村的产业发展需求

传统乡村地域文化景观是"活态"和"可持续进化"的景观类型，对其保护途径不能仅仅是"圈层式"和"博物馆式"的封存[46]，需要维系其生态／人文系统的整体性；与此同时，工业、商业、旅游业等现代产业的发展又是传统乡村融入现代社会和可持续发展的必要条件，传统文化景观的维系和现代产业的发展通常在传统乡村地区缺一不可。

因此，在传统乡村地区相关政策、规划和管理办法的编制过程中，区域内各个地块的用地适宜性是决策者们迫切需要知道的：哪些区域更适合发展工业、商业或旅游业？哪些发展区域则需要慎重考虑与传统风貌的协调？哪些区域又对维护地区生态、地域文化安全起到关键性作用，必须得到保护和修复？基于"源汇"格局的乡村地域文化景观安全等级划定旨在为解决上述问题指明方向。通过生态、传统乡村、现代城镇、旅游产业等用地类型的"源汇"过程推衍和叠合，获得研究区域内不同区块的生态／人文安全等级，并以此探索生态用地、文化景观以及现代产业发展的相对适宜性区域，试图在保持传统乡村地域文化景观存续的基础上兼顾现代产业需求，促进乡村地区的可持续发展。

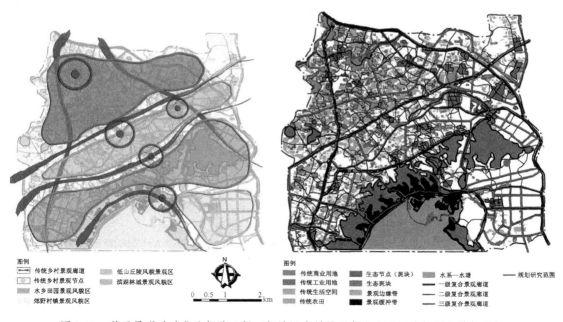

图例
⇨ 传统乡村景观廊道　　低山丘陵风貌景观区
○ 传统乡村景观节点　　滨湖林城景观风貌区
水乡田园风貌景观区
郊野村镇景观风貌区

0　0.5　1　2 km

图例
传统商业用地　　生态节点（斑块）　　水系—水塘　　——规划研究范围
传统工业用地　　生态斑块　　——一级复合景观廊道
传统生活空间　　景观边缘带　　——二级复合景观廊道
传统农田　　景观缓冲带　　——三级复合景观廊道

图1-15　基于景观破碎化分析的无锡西部地区乡村景观复合生态网络规划与结构分析

### 1.4.3 传统乡村地域文化景观的"源""汇"特征

1) 相对性

"源"与"汇"是一对辩证的概念，就"源汇"景观视角而言，"源"扩张与"汇"阻力间呈现出较强的相互博弈特征，因此相对性是其本质属性。此外，相对性还体现在以下两个方面：一是体现在景观过程的差异方面。针对特定的景观过程，某个景观斑块可能起到"源"的作用，而相对于另一种景观过程，该景观类型则起到"汇"的作用。例如相对于自然景观而言，历代人类的劳作景观可以是林地等自然斑块扩张的阻力"汇"；而对于强势的现代城市扩张来说，传统劳作景观又被认为是人与自然和谐共生的文化景观保护"源"。二是体现在时段上的差异。研究者关注的时段不同，景观类型的"源汇"性质也会有所差异。例如在大型乡镇地区的气候调节方面，夏季湿地景观的存在可以起到缓解热岛效应的作用，湿地景观表现为冷空气的"源"；而在秋季，湿地景观因释放夏季储存的大量热量而起到一个暖岛作用，其又表现为冷空气的"汇"[47]。因此从这个角度而言，"源汇"的相对性与下文所说的动态性有密切的联系。

2) 动态性

"源汇"概念是基于景观过程的分析方法，动态性是其显著的特征。首先，随着景观的演变，"源""汇"的性质、类型和范围会不断发生变化。在某一景观的动态变化过程中，甚至景观过程的不同时段或阶段，同样的景观类型往往会起到不同的作用，景观的"源汇"性质也会随之发生变化。以某些靠近风景区的传统村落为例，村落附近旅游点的设置会引起景观单元的变化：在旅游点设置的最初阶段，当地村民倾向于保护老宅，生产出更多具有传统特色的农副产品、民俗产品以吸引游客，旅游点起到传统乡村景观"保护源"的作用；然而，如果对旅游的控制或引导不利，过度的开发则会造成旅游设施对传统文化景观的侵占和对民俗文化的侵蚀，旅游点则从传统乡村的"保护源"演化成为"风险源"。因此，在研究传统乡村地域文化景观的"源""汇"性质时，需着重考虑和关注生态／人文过程的动态性特征。

3) 复合性

传统乡村地域文化景观是人类与自然共轭的复合地域空间系统，是生态、社会要素相互作用过程的集合体。乡村景观的"源"与"汇"均具备较强的复合性。

在乡村景观中，"源""汇"的性质要和影响它们的要素相互关联。如从生态角度来看，位于传统村落村口的林地是一块生态斑块或生态源地；而对于村落而言，林地的存在不仅仅在于其生态价值，还具备多重的社会文化意义，如某些特定树种可以是村落的图腾或象征，亦可作为村落的风水林或生产经济林，还可以是居民的公共活动空间等。因此以文化景观角度判断一个景观过程"源""汇"的类别、影响因素和评价途径等，除了需要确定这个景观类型的面貌特征之外，还需进一步识别其所处的生态层次、文化基底、社会背景等多方面因素。

### 1.4.4  传统乡村地域文化景观的"源"

1）"源"的含义

按照"源汇"景观理论，"源"是指那些能促进景观过程发展的空间类型。对于一个景观类型来说，其到底是否起到了"源"的功能，必须首先明确研究者关注的景观过程是什么。从物质、能量平衡的角度来看，"源"景观单元上的物质能量输出要大于输入，即有物质能量从该景观单元补充到其周边景观单元。

在江南传统聚落的演进过程中，聚落的扩张并不是均匀的同心圆式的扩大，而是始终围绕"生长点"进行，即建筑集聚而形成的空间核心，祠堂等重要精神信仰空间往往作为新生长点的核心位置，并具有足够的精神与文化能量带动聚落发展，逐步形成新的组团区域[48]，因此，祠堂可被认为是聚落空间关键的扩张"源"（图 1-16）。

传统乡村地域文化景观呈现的面貌，往往是生态斑块和传统人工斑块在长期的相互消长和制约关系中达到的某种动态平衡状态。随着现代化、工业化的发展，工矿厂房、交通旅游设施等更为强势的景观要素和用地类型出现，这类平衡被骤然打破，现代景观要素不断大规模吞噬生态与传统乡村用地，传统乡村景观的整体性、延续性断裂。因此，在传统乡村地域文化景观保护过程中，如何确定需保护以及需防范的"源"的类别以及扩张过程，是将"源汇"理论楔入文化景观保护中的重要任务。

2）"源"的类别

立足于传统乡村地域文化景观保护，景观"源"可以有多种分类方法：①根据"源"的性质，可分为"保护源"和"风险源"。促进乡村地域文化景观系统过程发展的"源"类别被认为是"保护源"，而侵蚀、阻碍乡村地域文化景观的单元则被认为是"风险源"。若继续细分，"保护源"又可分为生态"保护源"、生产"保护源"、生活"保护源"和精神文化"保护源"等类别（表 1-3）；"风险源"可分为生态性"风险源"、旅游商

图 1-16  黄山市瞻淇村生长过程

注：稍浅色块为祠堂，箭头为生长力。

业侵扰"风险源"、城镇扩张"风险源"等类别（表1-4）。②根据空间分布方式，可分为"点源"（点状公共空间、精神信仰空间）和"面源"（生态林地、耕地、片状旅游地等）。③根据"源"的保护和风险持续时间，可分为持续性"源"（如具有长期影响力的信仰空间、长期规划用地等）和临时性"源"（如临时性建筑、间歇性旅游场所等）。④根据有无人类活动，可分为"自然源"（自然地域）和"人工源"（人工干预景观单元）等等。

从"源汇"景观角度而言，"源"是在不断发展和变化的。如以"保护源"与"风险源"的扩张过程来说：①"保护源"一般应具备较高的

表1-3　传统乡村地域文化景观系统"保护源"分类

| "保护源"类别 | 主要子类别 | 具体源地 |
| --- | --- | --- |
| 生态"保护源" | 生物多样性源 | 林地、山体、湿地等 |
| | 水土保持源 | 山体、丘陵、水系等 |
| | 水系保护源 | 河道、湿地等 |
| 生产"保护源" | 农业源 | 传统耕地、传统果林等 |
| | 渔业源 | 传统渔场等 |
| | 牧业源 | 传统牧场等 |
| 生活"保护源" | 传统居住源 | 传统居住空间、居住空间相邻河道及林地等 |
| | 传统交往源 | 村口广场、活动空间、传统商业空间等 |
| | 传统交通源 | 传统街巷空间等 |
| 精神文化"保护源" | 宗教信仰源 | 寺庙、道观等 |
| | 民俗文化源 | 活动聚集地、活动行进空间等 |
| | 历史事件源 | 历史事件保护地 |
| | 家族信仰源 | 家庙、宗祠场地等 |

表1-4　传统乡村地域文化景观"风险源"分类

| "风险源"类别 | 主要子类别 | 具体源地 |
| --- | --- | --- |
| 生态性"风险源" | 土壤污染 | 被污染的各类用地 |
| | 水污染 | 被污染的各类水系 |
| | 水土流失 | 陡坡地、裸地等 |
| 旅游商业侵扰"风险源" | 旅游侵蚀 | 旅游目的地、游客聚集地、大型观光农业园等 |
| | 商业侵扰 | 大型商业中心、仿古商业街等 |
| 城镇扩张"风险源" | 城镇干扰 | 大型村镇、城市公园、城市广场等 |
| | 交通干扰 | 高架路、城乡快速路等 |

原真性和完整性⑦，以及有足够的张力和影响力，能够在阻力相对弱的区域生长和相互串联，形成传统乡村地域文化景观能量传输网络。从这个意义上来看，"保护源"不是作为历史遗存而保存的"文物"，而是一个附着生态功能、文化观念和社会价值的自然文化有机体，可以是传统地域的自然生态、生活生产、民俗文化和精神信仰等各个"活态"的空间类型。②在乡村地区，城镇、工业、旅游用地等"风险源"的扩张和侵蚀是造成传统乡村景观破碎化的主导因素，因此附着此类属性的空间类型被认为是主要的"风险源"。

3）"源"的驱动力

在明确了传统乡村地域文化景观中"源"的含义和类别之后，需要进一步了解其景观过程发生的内在动力机制。"源"的驱动力是指促进"源"扩张和正向演进的内外在因素与作用力的总和。

在乡村地域中，自然与人文景观"源"的形成和扩张受到多种因素的影响，驱动因子也复杂多变。一般来说，在宏观时空尺度上，气候、地貌、经济、政策等因子对"源"的形成和扩张起主要作用；在中微观时空尺度上，植被、土壤、审美、使用功能等因子则对"源"的产生和扩展造成重要影响（图1-17）。探讨乡村地区中生态/人文景观"保护源"和各类"风险源"的形成、扩张的驱动机制，对于揭示其景观变化的基本过程、深层原因、内部机制、预测未来变化方向以及制订相应的管理对策具有重要意义。

促进"源"扩张的驱动力主要可分为自然环境和社会人文两大类型。其中，自然环境驱动因子包括气候、地貌和水体等主要因素；社会人文驱动因子则包括政策因素、经济因素、审美取向和文化因素等。两类驱动因子通常相互耦合并在不同的时空、尺度和层级中对景观格局演变发挥着不同的作用。如有学者利用小尺度土地利用变化及效应（CLUE-S）模型模拟我国长江口海岸带围垦区景观动态变化，认为其景观变化的人为驱动因子和自然驱动因子的贡献度分别为57.1%和42.9%[49]。

（1）自然环境因素

自然环境因素对景观"源"的驱动力主要体现在自然地理环境变化或更替所引起的景观演进。传统乡村地区的聚落、农地等景观类型是在适应当地自然地理和气候条件基础上形成的协同共生空间系统，随着自然条件的变化，其景观格局亦会发

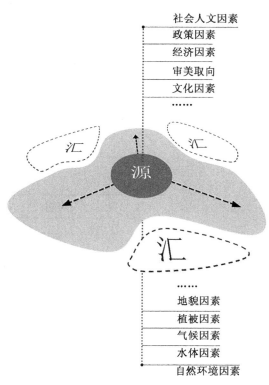

图1-17 "源"的驱动力因素示意

生演变。

在较大的时空尺度上，地貌与气候等因子往往对景观格局的变化起主导作用。如1855年黄河改道对整个黄河三角洲聚落、农业空间格局造成了巨大的冲击，原有依赖河岸兴盛的市镇空间被摧毁，依托新河道而形成的聚落及景观空间随之出现和逐渐生长。在相对较小的时空尺度上，坡度、植被与土壤等自然环境因子则是"源"的主要驱动因素之一，如茶园景观适合在海拔、湿度较高的酸性土壤中扩张，因此源地周边的坡度和土壤酸碱度被认为是茶农业景观"源"扩张的主要驱动因素。此外在相关研究中，学者们通常把地形、气候、植被覆盖度、土壤条件等自然环境因素作为景观源地或斑块扩张的重要驱动力和景观演变指标[50-52]（表1-5）。

（2）社会人文因素

从较长的时间跨度上来看，自然和人为的干扰因素都是驱动景观格局变迁的原因，但是在较短时间和较小尺度上，人工干扰与驱动无疑是最主要的因素[53]。在"源"的社会环境因素驱动力中，"人"的作用力主要体现在社会经济、政治政策、科学技术、文化环境等因素上。对于某个村落而言，人口的变迁、政治经济体制改革、技术的发展和变革、审美情趣的变化等因素，均可以是其生态/人文景观"源"持续或停滞扩张的驱动力（表1-6）。

例如在中华人民共和国成立前，我国乡村地区手工业者往往以分散

表1-5　主要自然环境驱动力因子类别

| 时空尺度 | 类别 | 子类别 |
|---|---|---|
| 中大尺度 | 地质地貌 | 地质构造、地形地貌、地壳变化、自然灾害等 |
| | 气候环境 | 温度、湿度、降水等 |
| 小微尺度 | 场地环境 | 坡度、植被、土壤、高程等 |

表1-6　主要社会人文驱动力因子类别

| 时空尺度 | 类别 | 子类别 |
|---|---|---|
| 中大尺度 | 社会经济 | 市场经济、经济全球化、消费者需求、市场结构调整、政府补贴及奖励制度等 |
| | 政治政策 | 农业政策、林业政策、自然保护政策、区域发展政策、环境保护政策、基础设施建设政策、交通政策等 |
| | 科学技术 | 生产力水平提升、土地管理革新、通信设施改善、信息技术更新等 |
| | 文化环境 | 人口、生态意识、审美、社会发展历史 |
| 小微尺度 | 交通可达性、视觉美感度、环境舒适度、生活方式、人口容量、旅游需求等 | |

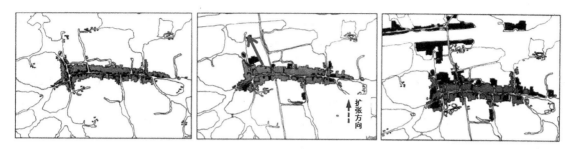

图 1-18　中华人民共和国成立前至 1960 年代末苏州黎里镇的生产、生活区域布局模式
注：黑色表示手工业作坊或生产区。

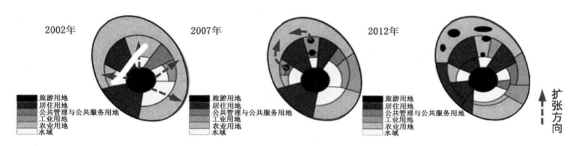

图 1-19　2002—2012 年周庄古镇用地结构演变模式

经营的模式，采取居住与生产合一的手工业作坊在聚落内部从事手工业生产活动。中华人民共和国成立之后，土地国有化基础上的城镇土地无偿使用政策推动了市镇形态的大规模重组，个体手工业被集体大规模生产所替代，许多手工业作坊被迁至村镇周边区域集中生产。如苏州黎里镇在 20 世纪中叶逐步将手工业作坊迁至镇北平坦空地，最终形成了生活和生产明显分区的用地布局模式[48]（图 1-18）。

近年来，古村镇旅游成为乡村景观演变的重要社会环境驱动因素，商业旅游设施等用地空间正在乡村地区持续不断扩张。例如江南地区的历史文化名镇周庄，旅游用地在 2002—2012 年的 10 年间不断攀升，其一直"寻找"阻力较弱的水域和农林等用地作为其侵蚀的主要用地类型⑧（图 1-19）。

### 1.4.5　传统乡村地域文化景观的"汇"

1)"汇"的含义

从"源汇"景观角度来看，景观单元之间的侵蚀、利用被看作其相互竞争性的控制和覆盖过程，而这个过程必须通过克服阻力来实现。简言之，"汇"是"源"景观扩张的阻力因素或消减区域，也指可以阻止或延缓某个景观过程发展与正向演变的景观类型，在某个景观过程中，"汇"

景观单元上的物质能量输入要大于输出量[35]。就传统乡村地域文化景观保护角度而言，"汇"是那些减缓"保护源"用地空间生长的景观单元。

基于不同的"源"类型，"汇"的类型也不同，甚至相互转化。如历史上乡村地区居民往往以聚落为中心，通过采集或农业耕作方式改造自然、扩张用地空间，由于生产力水平低下，往往和自然环境之间形成共生又相互"挤压"的空间关系。从景观"源汇"过程来看，自然环境和人类生产、生活景观单元在乡村地域内协同共生，也互为阻力"汇"。随着人类改造自然能力逐步增强，构筑物、生产地等人工斑块的扩张能力得到巨大提升（图1-20），自然生态斑块的"汇"阻力作用则逐步减弱；相反，自然生态、传统乡村景观"源"的扩张趋向及廊道受到商业建筑、工业厂房和城市快速路等人工景观类型"汇"的巨大阻力而逐渐萎缩。

另外，自然斑块、传统人工斑块、现代人工斑块内部也存在着互为"汇"地的关系。如在不同气候条件下，林地和草地等生态斑块间的互相蚕食；在不同经济背景下，传统鱼塘和耕地间的相互取舍；在不同旅游业发展状况下，现代旅游空间和现代居住空间的相互更替等。了解与辨识这些"汇"的类别以及对景观过程的影响，对发掘传统文化景观恢复能力、抗干扰能力以及保持传统的稳定性有着深刻的意义。

2）"汇"的类别和阻力模式

"源"与"汇"是相对应的，不同的"源"类型决定了其相异的"汇"类别。不同"源"的扩张类型、扩展能力、强度和路径千差万别，"汇"的类型和作用也有所不同。因此对"汇"的判定需要在充分了解传统乡村景观"源汇"机制的基础上进行。

传统乡村景观的"汇"主要有以下几种类别及划分方式：①以"源"属性分，可分为"保护源"的"汇"和"风险源"的"汇"；②以阻力

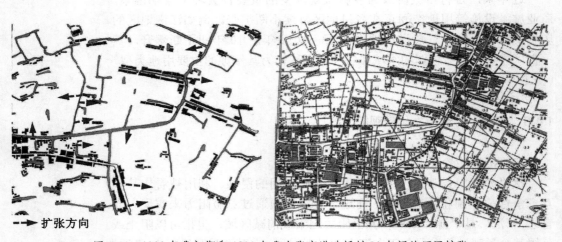

扩张方向

图1-20　1980年代初期和1990年代末张家港欧桥村20年间的厂区扩张

表 1-7  传统乡村地域文化景观"汇"分类

| "汇"类别的划分方式 | | 主要类别 |
|---|---|---|
| 按"源"属性分 | | "保护源"的"汇"、"风险源"的"汇" |
| 按不同阻力模式分 | 按地理地貌类别划分 | 山地、丘陵、平原等 |
| | 按土地利用方式划分 | 林地、耕地、草地、建设用地、水域、未利用地等 |
| | 按植被覆盖度划分 | 高、中、低等 |
| | 按不同坡度等级划分 | 平坡、缓坡、中坡、陡坡等 |
| | 其他因素划分 | 人口容量、旅游容量、经济状况、距道路或资源点的距离等 |

模式分，可分为地理地貌类型"汇"、土地利用方式"汇"、植被覆盖度"汇"、不同坡度等级"汇"，以及人口容量、旅游容量等其他因素"汇"类型等（表 1-7）。

在"汇"阻力模式划分上：①不同的地理地貌类型适应不同的文化景观用地类型扩张，

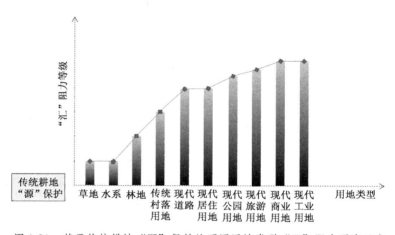

图 1-21  基于传统耕地"源"保护的不同用地类型"汇"阻力强度示意

如丘陵地带适合茶果农业用地的生长，而牧场用地在坡度较大的山峦丘陵地带生长阻力则很大。②为了方便直观体现"汇"的阻力等级，在土地利用方式"汇"的划分过程中，往往还可以把乡村景观笼统划分为传统景观和现代景观来解释其阻力机制。在不考虑现有规划和政策的前提下，通常来说现代厂房、商业用地等现代景观的土地利用可作为"强势源"，其相应的耕地、果林等各类传统景观"汇"阻力作用均较小；相反，耕地、果林等传统景观作为"源"，现代厂房、商业用地等现代景观则是阻力极大的"汇"类别。如图 1-21 中假设以传统耕地为"保护源"，各类不同的其他用地类型作为"汇"，可以看出"现代商业用地""现代工业用地"等用地类型对于"传统耕地'源'保护"的阻力较大，起到了强阻力"汇"的作用。

此处需要说明的是，相关政策、规划虽然是我国当代市镇发展及扩张的重要导向和限定因素，但是在一般性乡村地区，居民自发的用地性质和类型更替仍十分频繁；此外，政府主导的规划依然需以原有用地类型、地貌特征、人口因素等自然和社会规律为依据。因此，本书运用传统乡村景观"源汇"格局来推衍生态景观、传统乡村景观、现代景观的潜在发展和演进过程,以确定适宜的村镇发展路径,仍然具备较强的现实意义。

## 1.5 正负双向"源汇"格局与传统乡村地域文化景观导控途径

上文提到,按照"源"的属性划分,传统乡村地域文化景观的"源"可分为"保护源"和"风险源"两个类型。以"保护源"为对乡村地域文化景观保护起较为积极、正向作用的景观单元,以"风险源"为对乡村地域文化景观保护起消极、负面作用的景观单元,共同构建"源汇"格局,以此可衍伸出正负双向的"源汇"格局来综合判断区域内景观单元之间的相互消减作用机制和潜在趋势。

### 1.5.1 正向保护"源汇"格局

传统乡村地域文化景观是生态 / 人文景观空间的耦合体。正向保护"源汇"格局是模拟生态 / 人文保护源地的潜在扩张路径的景观格局类型,旨在探索生态 / 人文系统源地的生长规律及潜在扩张范围。

在一般传统乡村地区,景观"保护源"往往可分为生态景观"源"、居住景观"源"、农业景观"源"和信仰景观"源"等源地类型。通过辨识"保护源"类型及具体的源地空间,可分析各个保护源地扩张所面临的阻力"汇",模拟文化景观各系统性空间的潜在生长路径,形成正向保护的"源汇"网络格局。在正向保护"源汇"格局中,较低阻力"汇"等级区域往往是潜在生态 / 人文景观廊道的适宜性片区(图 1-22)。

需要说明的是,在一些传统景观破碎化较高的历史区域,生态 / 人文景观系统源地往往并不完整,在"源汇"格局构建之前,需要对其关键源地进行补缀和修复,其逻辑基础是修复地域文化景观空间的原真性以及系统的完整性。具体方式为通过分析传统地域文化景观的自然地理本底、生态人文过程,补缀和修复地域文化景观系统关键空间节点,以在此基础上构建系统性更为完整的正向保护"源汇"网络格局。

### 1.5.2 负向风险"源汇"格局

负向风险"源汇"格局旨在通过判别不利于传统乡村地域文化景观存续的"风险源"类型,模拟其潜在的扩张模式和范围。

目前,侵扰传统乡村景观的"风险源"主要为城镇化、工业化、旅游业等带来的用地和空间侵蚀。"风险源"中的城镇建设用地、工业园区与厂房、旅游设施等源地均有其内在、外在的扩张缘由与潜在路径,通常寻求相对较小阻力以及适宜性较高的区域进行扩建。负向风险"源汇"格局需要在辨识各类型的"风险源"基础上,筛选各类阻力"汇"因素,并分别设定相应的数值进行模拟和推导,旨在预测现有风险

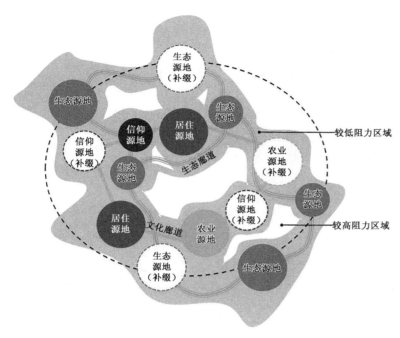

图 1-22　传统乡村地域文化景观正向保护"源汇"格局示意

源地的未来空间增长趋向。因此，负向风险"源汇"格局亦可被认为是一类模拟"风险源"潜在扩张规律的景观空间预警格局。

### 1.5.3　导控途径的提出

正向保护"源汇"格局能够推衍生态／人文保护源地的潜在生长路径，判别传统乡村地域文化景观的适宜性区域；负向风险"源汇"格局则能够帮助发现侵扰传统乡村地域文化景观的诸多风险源地及侵蚀路径，预判"风险源"的扩散强度，锁定不利于、不适宜传统乡村地域文化景观保护的区域。在传统乡村地域文化景观的导控途径构建过程中，正负双向的"源汇"格局缺一不可。

通过有效手段叠合此两个格局形成正负双向的"源汇"格局，能够综合确定有利于传统乡村地域文化景观保护和拓展的片区，以及不适宜传统乡村地域文化景观保护和拓展的区域。从图 1-23 可以看出，在传统乡村地域中，"保护源"和"风险源"均有其拓展的路径，文化景观的关键引导区域是"保护源"的生长阻力较小区域；适宜建设与发展区域是"风险源"的侵蚀阻力较小区域；关键控制区域是"保护源"与"风险源"较小扩张路径的叠合区域。

在具体实施步骤上，基于"源汇"理论的传统乡村地域文化景观导控途径，应首先识别各类型的地域文化景观生态／人文过程及其所面临

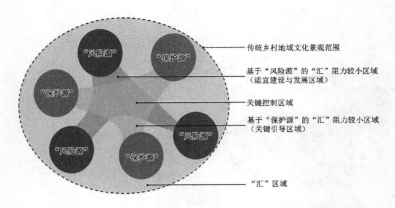

图 1-23  正负双向"源汇"格局叠合逻辑示意

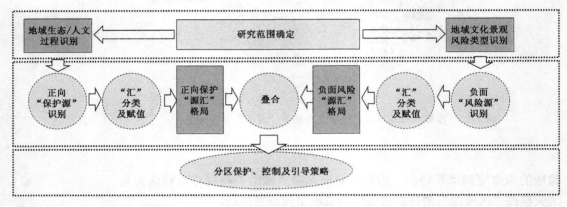

图 1-24  传统乡村地域文化景观"源汇"导控途径思路

的风险类型；其次辨识正向"保护源"和负向"风险源"；再次分别判定"保护源"和"风险源"的"汇"类别，并对其赋值；然后再利用数学和空间模型模拟正向保护、负向风险的"源汇"格局；最后将其叠合为正负双向"源汇"格局，并依据叠合后的适宜性等级和安全等级划定分区，制订相应的保护、控制及引导等策略（图 1-24）。

总的来说，正负双向"源汇"格局立足于传统乡村地域文化景观保护视角，力图在文化景观系统性空间存续和有机生长的基础上，兼顾区域城镇化、旅游化进程和社会经济发展需求，获得生态/人文景观和现代社会经济的协同可持续发展，以此作为传统乡村地域文化景观之存续途径。

## 1.6  本章小结

本章从地域文化景观的内涵与维度入手，剖析了传统乡村地域文化景观的"三性"特征和当代困境。以相关学科"源汇"理论为依据，分析和归纳了传统乡村地域文化景观"源汇"特征，并梳理了乡村景观中的"源""汇"含义、类别以及相互过程。在此基础上,提出了基于正负双向"源汇"格局的传统乡村地域文化景观导控途径的理论框架和技术路线。

基于"源汇"格局的传统乡村地域文化景观导控途径力图在保护自然生境、协调传统风貌、维护文化景观系统存续等方面发挥重要作用,是一类不规避村镇空间现状和经济社会发展的文化景观保护模式。

在下一章中,本书将以太湖西山为研究对象和典型案例,试图厘清西山地区独特的自然地理本底和深厚的社会人文过程,深度剖析西山乡村景观的地域文化特质和时空演进序列,为生态/人文景观系统"源"的辨识以及系统存续"源汇"格局的模拟奠定基础。

**第1章注释**

① 其中,自然地理系统是自然地理环境中大气、水体、岩石圈等无机组成与生物之间能量、物质流动转化构成的系统;生态系统是一定地段内生物和无机环境构成的系统。这两个系统之间存在着部分重叠和交叉。

② 一般认为所谓地域分异,是指自然地理综合体及其各组成部分按地理坐标确定的方向发生有规律变化和更替的现象。有的学者认为地域分异还应包括人文社会要素的地域变化,可以把这种观点理解为广义的地域分异,但从地理学角度来看,通常所说的地域分异即指自然地域分异。

③ "相互作用圈"(Interaction Sphere)的概念最初由人类学家本内特(W. C. Bennett)在1948年提出,其认为一个地区的文化通常具有连续性,而且该地区内的各个子文化也在时间和空间上相互影响。

④ 1963年英国地理学家 J. E.斯潘塞和 R. J.豪沃思比较了美国玉米带、菲律宾的椰棕区和马来西亚的橡胶园三个近代农业区的农业和文化演变,得出了形成这些农业文化景观的六个关键要素:心理要素——对环境的感应和反映;政治要素——对土地的配置和区划;历史要素——民族、语言、宗教和习俗;技术要素——利用土地的工具和能力;农艺要素——品种和耕作方法的改良等;经济要素——供求规律和利润等。其认为上述要素是影响一个地域乡村文化景观特征形成的关键所在。

⑤ "源""汇"概念在各研究领域有所不同。在水土保持学、环境科学等学科领域,一些学者认为,"源"是指那些能促进景观过程发展的空间类型;"汇"是指阻止或延缓某个景观过程发展与正向演变的景观类型。

⑥ MCR 可译为"最小累计阻力模型"或"最小累积阻力模型"。本书统一称之为"最小累计阻力模型"。

⑦ 1994 年,国际古迹遗址理事会通过了文化景观保护的纲领性文件《奈良真实性文件》,该文件指出原真性和完整性是文化景观遗产价值评估的重要因素。如今,结合文化景观所处的自然环境与文化环境的原真性和整体性保护被认为是文化景观保护的重要途径。

⑧ 2002—2007 年周庄的农林地转出面积最大为116.6 hm$^2$,其转化主要方向为公共管理与公共服务用地、旅游用地;向农林地转入的类型主要为水域,占转入总量的82.5%。2007—2012年农林地转出面积相对减少,转化方向主要是工业、住宅与旅游用地;转入类型主要仍为水域,占转入总量的88.62%;而旅游用地的转入来源与构成主要是农林地和水域。随着城镇化的快速发展以及旅游业的转型升级,大量农

林地被转化为建设用地[54]。

**第1章参考文献**

[ 1 ] 范中桥. 地域分异规律初探[J]. 哈尔滨师范大学自然科学学报, 2004, 20 (5): 106-109.

[ 2 ] 史继忠. 世界五大文化圈的互动[J]. 贵州民族研究, 2002, 22 (4): 21-28.

[ 3 ] 王云才. 风景园林的地方性——解读传统地域文化景观[J]. 建筑学报, 2009 (12): 94-96.

[ 4 ] 邓辉. 卡尔·苏尔的文化生态学理论与实践[J]. 地理研究, 2003, 22 (5): 625-634.

[ 5 ] 盛新娣. 马克思"现实的个人"的思想及其当代价值[J]. 探索, 2003 (3): 54-57.

[ 6 ] 李和平, 肖竞. 我国文化景观的类型及其构成要素分析[J]. 中国园林, 2009, 25 (2): 90-94.

[ 7 ] 王文卿, 陈烨. 中国传统民居的人文背景区划探讨[J]. 建筑学报, 1994 (7): 42-47.

[ 8 ] 汤茂林. 文化景观的内涵及其研究进展[J]. 地理科学进展, 2000, 19 (1): 70-79.

[ 9 ] WHITTLESEY D. Sequent occupance [J]. Annals of the Association of American Geographers, 1929, 19 (3): 162-165.

[10] 吴康, 吴忠友. 地域文化归属的定量判别方法初探——以江苏省淮安市为例[J]. 淮阴工学院学报, 2009, 18 (2): 1-9.

[11] 郑度. 自然地域系统研究[M]. 北京: 中国环境科学出版社, 1997.

[12] 王云才. 传统地域文化景观的图式语言及其传承[J]. 中国园林, 2009, 25 (10): 73-76.

[13] 杨洁, 杜娟, 周佳, 等. 传统乡村地域文化景观解读——以林盘为例[J]. 建筑与文化, 2011 (12): 44-47.

[14] 王云才. 乡村景观旅游规划设计的理论与实践[M]. 北京: 科学出版社, 2004.

[15] 苏秉琦. 苏秉琦考古学论述选集[M]. 北京: 文物出版社, 1984.

[16] 刘沛林. 中国传统聚落景观基因图谱的构建与应用研究[D]: [博士学位论文]. 北京: 北京大学, 2011.

[17] 刘沛林, 刘春腊, 邓运员, 等. 中国传统聚落景观区划及景观基因识别要素研究[J]. 地理学报, 2010, 65 (12): 1496-1506.

[18] 彭一刚. 传统村镇聚落景观分析[M]. 北京: 中国建筑工业出版社, 1992.

[19] KELLY R, MACINNES L, THACKRAY D, et al. The cultural landscape: planning for a sustainable partnership between people and place[M]. London: ICOMOS-UK, 2001.

[20] 刘之浩, 金其铭. 试论乡村文化景观的类型及其演化[J]. 南京师大学报 (自然科学版), 1999 (4): 120-123.

[21] 周心琴, 陈丽, 张小林. 近年我国乡村景观研究进展[J]. 地理与地理信息科学, 2005, 21 (2): 77-81.

[22] 王云才. 巩乃斯河流域游憩景观生态评价及持续利用[J]. 地理学报, 2005, 60 (4): 645-655.

[23] 王云才, 陈田, 郭焕成. 江南水乡区域景观体系特征与整体保护机制[J]. 长江流域资源与环境, 2006, 15 (6): 708-712.

[24] 严国泰, 赵书彬. 建立文化景观遗产管理预警制度的战略思考[J]. 中国园林, 2010, 26 (9): 12-14.

[25] 陈英瑾. 乡村景观特征评估与规划[D]: [博士学位论文]. 北京: 清华大学, 2012: 8-10.

[26] 肖竞,李和平.西南山地历史城镇文化景观演进过程及其动力机制研究[J].西部人居环境学刊,2015(3):120-121.

[27] 王云才,史欣.传统地域文化景观空间特征及形成机理[J].同济大学学报(社会科学版),2010,21(1):31-38.

[28] 陈利顶,傅伯杰,赵文武."源""汇"景观理论及其生态学意义[R].郑州:中国科协年会,2008:1444-1449.

[29] 周存宇.大气主要温室气体源汇及其研究进展[J].生态环境,2006,15(6):1397-1402.

[30] 孙然好,陈利顶,王伟,等.基于"源""汇"景观格局指数的海河流域总氮流失评价[J].环境科学,2012,33(6):1784-1788.

[31] 李海防,卫伟,陈瑾,等.基于"源""汇"景观指数的定西关川河流域土壤水蚀研究[J].生态学报,2013,33(14):4460-4467.

[32] 赵文武,傅伯杰,郭旭东.多尺度土壤侵蚀评价指数的技术与方法[J].地理科学进展,2008,27(2):47-52.

[33] 陈利顶,张淑荣,傅伯杰,等.流域尺度土地利用与土壤类型空间分布的相关性研究[J].生态学报,2003,23(12):2497-2505.

[34] 陈昌笃.景观生态学的发展及其对资源管理和自然保护的意义[J].中国生态学学会通讯,2000(特刊):45.

[35] 陈利顶,等.源汇景观格局分析及其应用[M].北京:科学出版社,2016:16.

[36] 曹蕾.基于"源—汇"景观理论的中卫沙坡头自然保护区功能分区研究[D]:[硕士学位论文].兰州:兰州大学,2016.

[37] 刘孝富,舒俭民,张林波.最小累积阻力模型在城市土地生态适宜性评价中的应用——以厦门为例[J].生态学报,2010,30(2):421-428.

[38] 王琦,付梦娣,魏来,等.基于源—汇理论和最小累积阻力模型的城市生态安全格局构建——以安徽省宁国市为例[J].环境科学学报,2016,36(12):4546-4554.

[39] 王瑶,宫辉力,李小娟.基于最小累计阻力模型的景观通达性分析[J].地理空间信息,2007,5(4):45-47.

[40] 文博,刘友兆,夏敏.基于景观安全格局的农村居民点用地布局优化[J].农业工程学报,2014,30(8):181-191.

[41] 王云才,韩丽莹.基于景观孤岛化分析的传统地域文化景观保护模式——以江苏苏州市甪直镇为例[J].地理研究,2014,33(1):143-156.

[42] 王云才,郭娜.乡村传统文化景观遗产网络格局构建与保护研究——以江苏昆山市千灯镇为例[C]//中国风景园林学会.中国风景园林学会2013年会论文集(下册)——凝聚风景园林 共筑中国美梦.北京:中国建筑工业出版社,2013.

[43] 杨天翔.城市生态源功能视角下的源汇格局分析——以大黄堡湿地作用下的武清区为例[C]//中国城市科学研究会,天津市滨海新区人民政府.2014(第九届)城市发展与规划大会论文集——S14生态景观规划营建与城市设计.天津:中国城市科学研究会,天津市滨海新区人民政府,2014:6.

[44] 王云才.基于景观破碎度分析的传统地域文化景观保护模式——以浙江诸暨市直埠镇为例[J].地理研究,2011,30(1):10-22.

[45] 王云才,吕东.基于破碎化分析的区域传统乡村景观空间保护规划——以无锡市西部地区为例[J].风景园林,2013(4):81-90.

[46] 唐晓岚,石丽楠.从社会公益属性看生态博物馆建设[J].南京林业大学学报(人文社会科学版),2013,13(2):69-81,110.

[47] STEENEVELD G J, KOOPMANS S, HEUSINKVELD B G, et al. Refreshing the

role of open water surfaces on mitigating the maximum urban heat island effect［J］. Landscape and Urban Planning, 2014, 121：92-96.

［48］ 李立. 乡村聚落：形态、类型与演变——以江南地区为例［M］.南京：东南大学出版社, 2007：56, 92.

［49］ 孙永光, 李秀珍, 郭文永, 等. 基于CLUE-S模型验证的海岸围垦区景观驱动因子贡献率［J］. 应用生态学报, 2011, 22（9）：2391-2398.

［50］ 韩欣池. 基于CLUE-S模型的哈尼梯田文化景观变化、驱动及情景模拟［D］：［硕士学位论文］. 杭州：浙江大学, 2014.

［51］ 潘竟虎, 刘晓. 基于空间主成分和最小累积阻力模型的内陆河景观生态安全评价与格局优化——以张掖市甘州区为例［J］. 应用生态学报, 2015, 26（10）：3126-3136.

［52］ 王钊, 杨山, 王玉娟, 等. 基于最小阻力模型的城市空间扩展冷热点格局分析——以苏锡常地区为例［J］. 经济地理, 2016, 36（3）：57-64.

［53］ TURNER B L, SKOLE D, SANDERSON S. Land use and land cover change［J］. Ambio, 1992, 21（1）：122-122.

［54］ 吴丽敏, 黄震方, 曹芳东, 等.旅游城镇化背景下古镇用地格局演变及其驱动机制——以周庄为例［J］.地理研究,2015,34（3）：587-598.

第 1 章图表来源

图 1-1 源自：谷歌地球专业版（Google Earth Pro）.

图 1-2 源自：邓辉.卡尔·苏尔的文化生态学理论与实践[J].地理研究,2003,22（5）：625-634.

图 1-3 源自：笔者绘制.

图 1-4 源自：刘燕. 地域文化景观形态的自然环境适应性解析［D］：［硕士学位论文］.哈尔滨：哈尔滨工业大学,2014.

图 1-5 源自：吴康, 吴忠友. 地域文化归属的定量判别方法初探——以江苏省淮安市为例［J］.淮阴工学院学报,2009,18（2）：1-9.

图 1-6 源自：泽夫·那维（Zev Naveh）. 景观与恢复生态学——跨学科的挑战［M］.李秀珍,冷文芳,解伏菊,等译. 北京：高等教育出版社,2010.

图 1-7 源自：折晓叶, 陈婴婴. 社区的实践："超级村庄"的发展历程［M］.杭州：浙江人民出版社,2000：58.

图 1-8 源自：孙艺惠, 陈田, 王云才. 传统乡村地域文化景观研究进展［J］.地理科学进展,2008（6）：90-96.

图 1-9 源自：中国旅游新闻网.

图 1-10 源自：https://unsplash. com.

图 1-11、图 1-12 源自：笔者绘制.

图 1-13 源自：王琦, 付梦娣, 魏来, 等. 基于源—汇理论和最小累积阻力模型的城市生态安全格局构建——以安徽省宁国市为例［J］.环境科学学报, 2016, 36（12）：4546-4554.

图 1-14 源自：文博, 刘友兆, 夏敏. 基于景观安全格局的农村居民点用地布局优化［J］.农业工程学报,2014,30（8）：181-191.

图 1-15 源自：王云才, 吕东. 基于破碎化分析的区域传统乡村景观空间保护规划——以无锡市西部地区为例［J］.风景园林,2013（4）：81-90.

图 1-16 源自：李立. 乡村聚落：形态、类型与演变——以江南地区为例［M］.南京：东南大学出版社,2007：56.

图 1-17 源自:笔者绘制.

图 1-18 源自:李立.乡村聚落:形态、类型与演变——以江南地区为例[M].南京:东南大学出版社,2007:92.

图 1-19 源自:吴丽敏,黄震方,曹芳东,等.旅游城镇化背景下古镇用地格局演变及其驱动机制——以周庄为例[J].地理研究,2015,34(3):587-598.

图 1-20 源自:李立.乡村聚落:形态、类型与演变——以江南地区为例[M].南京:东南大学出版社,2007:148-149.

图 1-21 至图 1-24 源自:笔者绘制.

表 1-1 源自:王文卿,陈烨.中国传统民居的人文背景区划探讨[J].建筑学报,1994(7):42-47.

表 1-2 源自:王瑶,宫辉力,李小娟.基于最小累计阻力模型的景观通达性分析[J].地理空间信息,2007,5(4):45-47.

表 1-3 至表 1-7 源自:笔者绘制.

# 2 西山传统乡村地域文化景观溯源

地域文化景观是与特定地理环境相适应而产生与发展的景观类型，在其形成、演变与发展过程中受到自然环境与社会文化多方面因素的综合作用[1-2]。在发掘西山乡村景观"预源汇"作用和建构"源汇"格局之前，首先需探知、梳理西山所处的自然环境和时空文化背景，为后续研究提供支撑与依据。

## 2.1 西山传统乡村地域文化景观

### 2.1.1 西山概况

西山位于苏州市西南端，习称洞庭西山，古称包山、林屋山，东西长约 15 km、南北宽约 11 km，是太湖乃至我国淡水湖中最大的岛屿，陆域面积为 82.64 km²（图 2-1）。西山在行政上隶属于苏州市吴中区金庭镇，辖境包括西山岛及周围 20 多个小岛，现下设 11 个行政村，人口约为 4.5 万人。

根据《苏州太湖国家级风景名胜区总体规划（2001—2030 年）》，西山岛所在的西山景区是太湖风景名胜区的 13 个子景区之一（图 2-2，表 2-1）。同时，西山也是国家 4A 级景区、国家森林

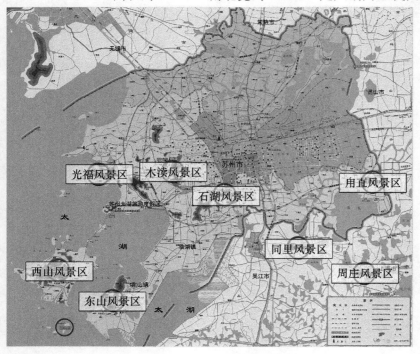

图 2-1 西山区位图

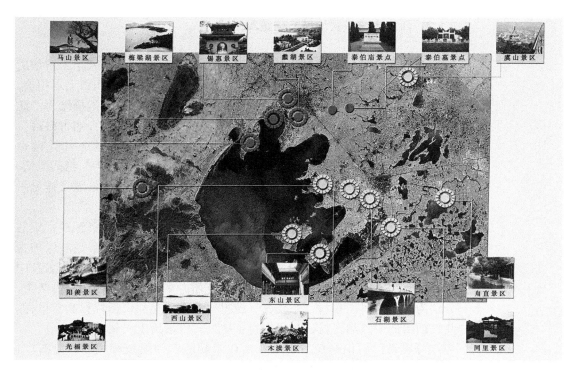

图 2-2　太湖风景名胜区 13 个子景区分布图

表 2-1　太湖风景名胜区（吴中片区）景源分布及特色

| 景区名称及面积 | 主要景点 | 景源类型 |
| --- | --- | --- |
| 西山风景区（231.76 km²） | 缥缈峰、林屋洞、东村古村、涵村古村、后埠古村、角里古村、东西蔡古村、植里古村、明月湾古村、堂里古村 | 山林古洞、古庙山水、吴越古迹、中国历史文化名村 |
| 木渎风景区（19.43 km²） | 木渎古镇、灵岩山、天平山、花山、寒山岭 | 中国历史文化名镇、吴宫遗迹、奇峰幽谷 |
| 角直风景区（0.66 km²） | 角直古镇 | 中国历史文化名镇、水乡古镇风貌 |
| 东山风景区（82.6 km²） | 莫厘峰、碧螺峰、陆巷古村、杨湾古村、东山古镇、铜鼓山、龙头山、三山岛 | 峰坞名胜、中国历史文化名村、江苏省历史文化名镇、古建筑园林、岛屿石景 |
| 光福风景区（108.3 km²） | 光福古镇、铜井山、西碛山、玄墓山、西崦湖、安山、冲山 | 江苏省历史文化名镇、宗教园景、渔港胜景、山水遗迹 |

注：表中面积包括水域面积。

公园、国家地质公园以及苏州太湖国家级旅游度假区①的主体或组成部分。坐落太湖之中、背靠吴越文化，西山历来被称为吴中桃源，自古即以湖光山色优美、名胜古迹众多而著称于世，如今亦分布有丰富的自然和人文景观，有"不游洞庭，未见山水"之说。

### 2.1.2　西山传统乡村地域文化景观概述

　　西山是自然、人文景观的双殊圣地，是太湖自然山水风光的精华所在，所谓太湖七十二峰，四十一峰在西山。在自然风景上，西山天水相接、一碧万顷；在人文景观上，阡陌纵横、屋舍俨然。西山曾被描绘为"江南仙境蓬莱岛，吴中桃源花果山，真山真水真园林，古道古宅古村落"，在《苏州太湖国家级风景名胜区总体规划（2001—2030年）》中，西山被定位为"以湖岛风光和山乡古村为特色的山水古镇型景区"，包括地景、水景、生景等自然资源和园林、建筑、胜迹、风物等人文景观（详见附录1），是全国范围内有特色、有代表性的传统村落集群。

　　西山是苏州与太湖风景名胜区中传统村落和历史遗址资源最密集的地区（图2-3，表2-2，详见附录3）。在苏州第一批10余个控制保护古村落中，西山的古村落数量占据其中一半以上。在中国传统村落名录中江苏省有28个（截至2016年第四批），苏州占14个，其中西山独占7个，分别为明月湾村、东村、东蔡村、植里村、衙甪里村、后埠村和堂里村。此外西山的明月湾古村、东村古村还被列入中国历史文化名村。

　　可以说，西山传统乡村地域文化景观遗产与遗迹种类多、分布广、类型复杂，在分析其地域文化景观"源"之前应立足于西山地域文化景观的构成要素、自然地理背景、社会人文演进过程，发现其典型自然生态与地域文化的相互作用关系，并在历史时空范围中梳理传统村落中现存的各种有形、无形历史资源与信息间的脉络关联，为整合碎片化的乡村地域文化景观空间寻找线索。

图2-3　西山重点保护遗产分布图

表 2-2　太湖风景名胜区部分景区传统村镇资源

| 子景区名称 | 传统村镇资源 |
| --- | --- |
| 西山风景区 | 明月湾古村、东村古村、植里古村、涵村古村、堂里古村、角里古村、东西蔡古村、后埠古村 |
| 木渎风景区 | 木渎古镇 |
| 光福风景区 | 光福古镇 |
| 东山风景区 | 东山古镇、陆巷古村、杨湾古村、三山古村、翁巷古村 |
| 甪直风景区 | 甪直古镇 |
| 同里风景区 | 同里古镇 |
| 马山风景区 | 桃坞村 |

### 2.1.3　西山传统乡村地域文化景观的构成要素

传统乡村地域文化景观是物质、非物质文化景观的耦合体[3-5]，其中物质文化景观往往指乡村范围内有形的景观元素，包括聚落、街道、水系、农田等物质文化景观，通常又可分为以聚居为核心的生活空间、以农业为主体的生产空间以及与自然环境相联系的生态空间；非物质文化景观一般附着于某些物质载体，是长期的历史过程中形成的文化精神层面的景观类型，包含地域习俗、节庆和风土民情等文化类型[5]。

1）物质文化景观

通过实地考察调研、文献研究等方式，基于本书前期研究成果"西山景区乡村文化景观管理信息系统"（图 2-4）对西山的传统乡村物质文化景观进行初步分类，可将其分为传统聚落及附属景观和土地利用景观。传统聚落及附属景观包括古建筑群、民居宗祠、园林休憩区域、归葬地、宗教建筑、特色店铺、交通设施、遗址遗迹、特色街巷等；土地利用景观则包括山峦林地景观、茶果农业景观和湿地农业景观等景观类型（表 2-3）[2]。

图 2-4　西山景区乡村文化景观管理信息系统所提供的乡村文化景观类型及分布

表 2-3　西山传统乡村物质文化景观构成要素表

| 景观大类 | 景观中类 | 景观小类 | 代表性景观 |
|---|---|---|---|
| 物质文化景观 | 传统聚落及附属景观 | 古建筑群 | 明月湾、东村、东西蔡、涵村、甪里、堂里、后埠 |
| | | 民居宗祠 | 东村东园公祠、东村敬修堂、堂里村仁本堂、东村徐家祠堂、后埠村承志堂、蒋东村燕贻堂、东蔡村畬庆堂、东村庆馀堂、植里仁寿堂 |
| | | 园林休憩区域 | 后埠井亭、御墨亭、览曦亭、阴月廊、翠屏轩、烟云山房、浮玉北堂、微云小筑、春熙堂花园、芥舟园、爱日堂花园 |
| | | 归葬地 | 秦仪墓，高定子、高斯道墓，诸稽郢墓，阚泽墓 |
| | | 宗教建筑 | 禹王庙、天妃宫、墨佐君坛、包山禅寺、明月禅院、观音寺、罗汉寺 |
| | | 特色店铺 | 涵村明代商铺、明月湾店铺 |
| | | 交通设施 | 明月湾石板桥、浜嘴古码头、郑泾太湖军营遗址军用码头、东村古桥 |
| | | 遗址遗迹 | 太平军土城遗址、墨佐君坛、投龙潭、甪头寨遗址、毛公坛、栖贤巷门、明建码头、甪里禹王庙湖埠遗址、俞家渡遗址、石码头遗址、甪庵、水月寺、秉场里遗址 |
| | | 特色街巷 | 东西蔡明清古街、秦家堡明清古街 |
| | 土地利用景观 | 山峦林地景观 | 各村风水林、古樟园 |
| | | 茶果农业景观 | 坡地茶园、缥缈峰果林茶园、东湖山果林茶园、水月坞茶园、万亩梅园 |
| | | 湿地农业景观 | 西湾鱼塘、消夏湾湿地、荷塘景观 |

2）非物质文化景观

依据联合国教科文组织《保护非物质文化遗产公约》，非物质文化遗产包括口头传说及其表现形式、民间表演艺术、民众生活形态、礼仪和节庆活动，以及历史遗留下来的各种民间生活及科技知识、民间传统工艺和艺术等多个范畴[6]。

根据调研，西山非物质文化景观的主要类型可分为生产生活方式、风俗习惯、精神信仰、文化娱乐、历史记录等。其中生产生活方式包括居住习惯、生产习惯以及传统手工艺等；风俗习惯包括庙会与集会、节庆等；精神信仰包括宗教信仰和宗族信仰等；文化娱乐包括民间音乐和民间美术等；历史记录包括事件、神话与传说、人物和族谱等方式记录等（表2-4）。

表 2-4 西山传统乡村非物质文化景观构成要素表

| 景观大类 | 景观中类 | 景观小类 | 代表性景观 |
|---|---|---|---|
| 非物质文化景观 | 生产生活方式 | 居住习惯 | 同姓相聚风俗、婚俗、挂红绵、清明插柳、迁坟 |
| | | 生产习惯 | 茶果种植方式、圩田种植 |
| | | 传统手工艺 | 西山根艺、西山盆景、竹雕、木雕、制茶工艺 |
| | 风俗习惯 | 庙会与集会 | 包山寺观音庙会（农历正月十八）、瓦山庙会（农历六月二十四） |
| | | 节庆 | 天妃生辰 |
| | 精神信仰 | 宗教信仰 | 天妃天后、禹王、妈祖、观音 |
| | | 宗族信仰 | 各姓家族信仰 |
| | 文化娱乐 | 民间音乐 | 十番锣鼓 |
| | | 民间美术 | 苏式彩画 |
| | 历史记录 | 事件 | 乾隆"金屋藏娇"、吴王西施赏月 |
| | | 神话与传说 | 画眉传说、禹王庙传说、缥缈峰传说、小西湖"平底螺"传说、林屋洞传说、片牛山传说 |
| | | 人物 | 白居易、皮日休、蔡羽、秦宗迈、秦仪、蔡源、陆龟蒙等；洞庭商帮 |
| | | 族谱 | 各村落各姓族谱 |

　　传统乡村地域文化景观是在特定的地理环境和文化背景中萌芽和发展起来的[7]。在对西山的物质、非物质文化景观初步了解和归纳之后，需要系统性梳理其自然地理本底和社会人文过程以更加深入地了解其生态/人文景观产生的根源和时空演进过程。

## 2.2　西山传统乡村地域文化景观的时空背景

### 2.2.1　西山自然地理本底

　　自然地理环境是塑造文化景观最根本的基底、骨架和形态基底[8]。在气候类型上，西山属北亚热带湿润性季风气候，具有四季分明、空气湿润、降水丰沛、日照充足和无霜期较长等气候特点[9]③。西山山峦、丘陵分布广泛，且地处太湖湖心与水网密布的江南地区（图2-5），其自然环境离不开"山""水"二字，可从以下三个方面加以阐释：

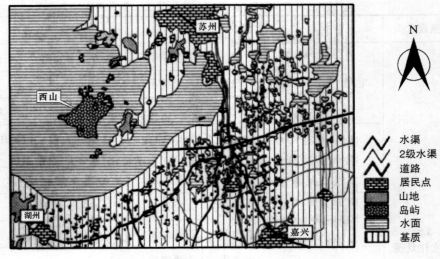

图 2-5　1980 年代的江南水乡景观格局图

1）平原围绕山峦

西山得名于"山"，山峦众多是其基本地貌特征。在地质上，西山属浙西天目山的余脉，低山和丘陵主要分布在岛屿中部，由近百座山丘组成（图 2-6、图 2-7），最高峰缥缈峰海拔超过 330 m，是太湖七十二峰之首[④]，其他较高的山峰有大昆山、凉帽顶、野猫洞、笠帽山、北门岭和小峰顶等。

在地质类型上，西山大部分山体由泥盆纪石英砂砾岩构成；少量山体如岛东侧的石公山、龙洞山、元山、乌峰顶以及南侧的祭山等由石灰岩构成；在堂里蛇头山还有小面积的花岗斑岩分布。围绕这些山体，西山历史上形成了山峦景观、山洞景观、山泉景观、山溪景观以及山林古

图 2-6　西山整体鸟瞰示意

树景观等众多自然与文化景观类型（表2-5）。

此外，围绕丘陵地貌，在山峦与湖面之间海拔5—8 m的区域，呈现出坡度为2°—3°，地势呈缓坡、波状起伏的山前冲积平原，如西山的

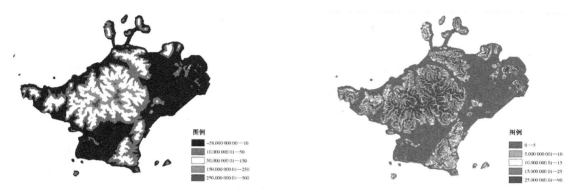

图2-7　西山数字高程模型（DEM）之高程（左）及坡度（右）分析

表2-5　西山主要山峦相关的自然与文化景观

| 景观类型 | 名称 | 位置 | 概述 |
|---|---|---|---|
| 山峦景观 | 缥缈峰 | 西山岛正中，海拔336 m | 太湖七十二峰之首，"缥缈晴岚"为西山八景之一 |
| | 金铎岭 | 西山岛北部，海拔103 m | 相传2 500年前春秋时期吴王阖闾藏金铎于此 |
| | 石公山 | 西山岛东南角，海拔49.8 m | "石公秋月"为西山八景之一，山上怪石奇秀、石景丰富。北宋末年，"花石纲"所采太湖石即主要出于此 |
| 山洞景观 | 林屋洞 | 西山岛东部，在海拔53 m的石灰岩小丘的西侧 | 号称"天下第九洞天"，又名"左神幽虚之天" |
| | 夕光洞 | 西山岛南部石公山 | 夕阳西下，余晖一束进洞，光彩绚丽，故名"夕光洞" |
| | 玄阳洞 | 西山岛东北的南山坡 | 石灰岩溶洞，可观西山八景之一的"玄湖稻浪"，摩崖石刻多 |
| 山泉景观 | 砥泉 | 缥缈峰上 | 以其泉水甘甜而得名、极少枯竭而著名 |
| | 军坑泉 | 罗汉寺后院 | 为吴王驻兵之地，泉为吴军所开，故得名"军坑泉" |
| | 无碍泉 | 缥缈峰北坡 | 宋代名泉，因南宋名臣无碍居士李弥大题诗而得名 |
| 山溪景观 | 水月溪 | 无碍泉泉池边 | 溪流曲折湍急，据说雨后声如雷鸣 |
| 山林古树景观 | 古桧柏 | 东湾三官殿附近 | 1 500年树龄，高20 m，胸径1.2 m |
| | 古罗汉松 | 西山罗汉岛罗汉寺前 | 碧郁葱翠，挺拔清秀，相传树龄逾千岁 |
| | 古紫藤 | 秉常村内 | 树龄约600年，胸径0.6 m，长约20 m |
| | 古香樟1 | 明月港边 | 树龄已达1 500年，树径2.4 m，高约20 m |
| | 古香樟2 | 阴山岛上 | 周长5.28 m，树高36 m，叶终年长青，相传此树植于西晋末帝孙皓天纪四年（公元280年） |

梅益、秉场、慈里等地遍布这类平原[9]。在地质上，平原由河流冲积、湖积相物质组成，土壤以湖相和沼泽相沉积黏土为主。这些区域土壤肥沃，历史上主要以农田为主，种植水稻、油菜等农作物。

2）山坞湖湾广布

在西山，岭岗之间形成和分布了20多个深浅不等、坐向不一的山坞⑥（表2-6），按其规模、形态特征有浅坞和深坞之分。西山深坞一般规模、深度较大，底长在500 m以上，与周围山地的高差大于100 m，坞底倾斜在5°上下，两侧坞坡为15°—25°，坞头坡度可达25°—30°。深坞一般由一条主坞与数条支坞组成，平面呈树枝状，如西山的葛家坞、包山坞、水月坞、天王坞、涵村坞、绮里坞、罗汉坞等。相对于深坞，浅坞一般规模较小，坞底长在500 m以内，与周围山体相对高差小于100 m，并且坞口敞开，朝坞内渐窄。坞底坡度为7°—8°，两侧坞坡为15°—20°。据调研，西山最长的山坞为涵村所在地，长达2.5 km，其余坞地大多长度为0.5—1.6 km。

西山深坞的坞口两侧和外侧坡麓的地形、水土条件往往十分优越，利于柑橘、枇杷等常绿果树生长，而坞底、坞头部分极易积聚冷空气，不适宜种植果树；相对于深坞，西山浅坞环山分布较多，地形荫蔽，冷空气不易在坞底积聚，尤其是东南向的浅坞，小气候更为优越，是适宜居住、种植果树的良好区域。

表2-6 西山主要山坞分布表

| 山坞名称 | 所在位置 | 名称由来 |
| --- | --- | --- |
| 水月坞 | 堂里 | 水月寺 |
| 罗汉坞 | 秉场 | 罗汉寺 |
| 包山坞、毛公坞 | 梅益 | 包山寺、毛公坛 |
| 福源坞 | 后堡 | 福源寺 |
| 涵村坞、梅塘坞、资庆坞、柴坞、待诏坞 | 涵村 | |
| 周家坞、倪家坞 | 缥缈 | 原村落名称 |
| 龙坞 | 石丰 | |
| 大清坞 | 东里 | |
| 樟坞、旸坞 | 石公 | — |
| 野坞 | 秉汇 | |
| 南坞、柏坞 | 马村 | |
| 外屠坞、里屠坞、尖池坞、东湾坞 | 爱国 | |
| 绮里坞 | 震星 | |
| 金铎坞 | 金吴 | — |
| 花坞、徐胜坞 | 震建 | |
| 茅坞 | 角里 | |

表 2-7　西山主要传统村落分布类型表

| 类型 | 分布 | 形态特征 |
|---|---|---|
| 山坞型 | 堂里、植里、涵村等 | 民居隐藏在山坞中，沿山溪或支坞两侧分布，村落沿等高线呈内凹弯曲 |
| 湖湾型 | 明月湾 | 背靠山丘，村落沿湖湾分布，平面形态成弧形内凹，与太湖相距较近 |
| 山坞与湖湾组合型 | 角里、后埠 | 靠山面水，湖湾背靠山坞，风水景色特佳，平面形态呈"马蹄"形 |

在山体与湖面的交界区，部分山体受流水侵蚀成为沟谷，其后基底在重力等因素影响下下沉，沟谷沉溺后便形成湖湾地貌。湖湾是水陆交接的重要区域，地势平坦、易于利用，一直以来被认为是良好的住地与生产用地。西山湖岸线曲折，山峦与太湖交接处形成了大大小小 20 多条湖湾[⑥]，历史上均为西山居民生产生活的重要场地。然而目前有不少湖湾已因围湖造田或自然淤塞而不复存在，仅剩地名，如消夏湾、辛村湾等。

地理位置优越的山坞、湖湾是西山最适宜居住、劳作之地，遍布西山的传统村落和重要生产用地亦往往择优选址在山坞、湖湾或山坞与湖湾的组合空间之中（表 2-7）。

3）大小岛屿环伺

太湖中共有大小岛屿约 50 个，岛屿文化是太湖文化的重要组成部分。历史上西山主岛并不是一个整体[⑦]，明代以前，渡渚、元山、鹿村等地尚未与东河一带连成一片，被水域分割，由练渎、寿乡、角头三岛所构成。目前，西山的地域范围通常由西山主岛和周围岛屿所构成（图 2-8，表 2-8）。西山周围遍布岛屿，有近 30 个，其中常年有居民居住的有横山、阴山、叶山（1996 年划出西山行政片区）等岛屿。还有一些岛屿如乌龟山、居山、搭连山、大谢姑山、小谢姑山、瓦山、青浮山等原是太湖小岛，1960 年代末因围湖造田而与西山相连，已并入主岛。

图 2-8　西山主要附属岛屿分布图

表 2-8　西山主要附属岛屿分布表

| 与西山主岛位置关系 | 岛名及面积（km²） |
|---|---|
| 岛北 | 横山（0.8）、阴山（0.7）、思夫山（半沉没）、绍山（0.1）、大干山（0.1）、小干山（0.001） |
| 岛东北 | 叶山（0.3）、小庭山（0.04）、老鼠山（0.006） |
| 岛东南 | 大山（0.18）、小大山（0.04）、余山（0.04）、箬帽山（0.02）、香篮山（0.000 6）、石蟹（半沉没）、沉山（半沉没） |
| 西山主岛南 | 大沙山（0.08）、东南湖（0.006）、西南湖（0.006） |
| 岛西 | 大雷山（0.03）、里湖（0.004） |
| 岛西南 | 小雷山（0.03）、杨公庄（半沉没） |
| 岛西北 | 平台山（0.02）、大竹山（0.02）、小竹山（0.01）、捕杆山（0.012）、柱石（0.001） |

注："捕杆山"又称"婆杆山"；半沉没岛屿面积不详。

　　我国自古对岛屿有无尽的向往，受蓬莱仙岛传说影响，历史上太湖中的小岛被认为是神灵居住之地，禹王庙旧址就位于太湖中心的平台山岛上[⑧]。西山最大的附属岛屿横山岛，岛上原也设有 10 座庙宇，而现今仅存有盘龙寺山门、佛殿等 10 余间屋舍。

### 2.2.2　西山社会人文过程

　　西山传统地域文化景观的形成经历了长期的社会人文过程。其中，历史建筑等生活性景观主要为明清时期所建，宋元及更久远时期仅留下一些残缺的遗址；耕地、圩田等生产性景观既有各年代文化景观的叠合，又包含一些突发事件的影响。

　　本书对西山传统乡村景观演变历程的研究主要借助文献资料与实地调查相结合的方法，一方面查阅地方史书、地方志、墓碑、家谱等文字资料中对西山历史面貌的描述；另一方面实地调研现存的文化景观遗存，寻找其发展演变的线索。下文将对西山传统乡村演变的各个历史时期作一个简明的梳理。

　　1）隐逸文化的萌芽（先秦—北宋时期）

　　太湖西山岛属于长江三角洲南翼后缘范围[10]（图 2-9）。早在

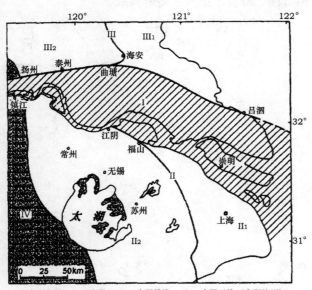

I—三角洲主体；II—南翼，II₁—南翼前缘，II₂—南翼后缘（太湖地区）；
III—北翼，III₁—北翼前缘，III₂—北翼后缘（里下河地区）；IV—山丘地区

图 2-9　太湖西山地理区位图

5 000—6 000年前的新石器时代，在今西山俞家渡地区就有人类生活，当时人们已经可以磨制石器、制作陶器以及从事渔猎等生产活动。

先秦时期，西山战乱频发，吴越曾在此发动战争⑨，后吴王夫差赢得战争并在西山营建避暑宫殿，称为消夏别宫，这是西山被记载最早的建筑类型[11]。公元前473年，越国灭了吴国，越大夫诸稽郢至西山消夏湾（秉汇）隐居；秦始皇统治时期，西山地区隶属于吴县⑩（属会稽郡）；秦末汉初，商山四皓（角里先生、东园工、绮里季、夏黄公）为躲避戚妃，云游至西山隐居[12]，形成了最初的隐居文化；汉唐时期，随着佛教的传入，西山的隐逸文化逐步增强，并兴建众多寺庙⑪；北宋时期，西山百姓一直从事着"日出而作，日落而息"的简单生活，安定、休养生息的隐逸文化在西山初步形成。

2）商业、宗族的兴盛（南宋—明清时期）

南宋时期，西山迎来历史上一次重大的发展契机。建炎三年（公元1129年），宋高宗赵构渡江南迁，北方人口开始大规模南移。大量人口的南迁加速了吴地文化的繁荣，促使太湖流域经学、史学、佛学及玄学的兴起和繁荣，吴地成为人文渊薮的地区，太湖流域经济文化进入旺盛的发展时期[13]。西山因"地幽势阻，兵火所不及"，成为北方望族们理想的归隐之地。这一阶段，西山一方面延续了自古以来农耕社会的生存状态，另一方面又受外部环境的影响和制约，主要表现在宗族和商业两个方面。

（1）宗族的兴起

北宋以前，西山人口稀少，所住多为渔民、士兵、僧尼等隐居人士，少有大型村庄和聚落。从宋室南渡至明初的两个半世纪内，荒洲僻岛的西山逐渐迁徙而来北方众多的名门望族。明代初期，西山形成了一些较大规模的宗族聚落，其中以徐、陆、沈、蔡、蒋、马、屠、劳八大宗族为首。各族在西山定居后，依传统均要建宗祠（图2-10、图2-11）、修宗谱。至明初，西山已有较大宗族约25支，其中大多数原为北方名门，如消夏蔡氏、角里郑氏、秉场黄氏、劳家桥劳氏、东村徐氏等（表2-9）[9]。

图2-10　明月湾村的黄氏宗祠

图2-11　东村的徐氏宗祠

表 2-9 西山主要族群分布表

| 氏族 | 主要分支在西山所在位置 | 源自 | 迁入时代 |
|---|---|---|---|
| 郑氏 | 甪里 | 河南郑州 | 隋末 |
| 徐氏 | 后埠、南徐、东村、消夏湾、堂里、徐巷、煦巷 | 浙江衢州 | 南宋 |
| 秦氏 | 秦家堡、旸坞、明月湾、石公、渡渚、镇夏、涵村 | 甘肃天水 | 南宋 |
| 蔡氏 | 东西蔡、圻村、甪头 | 河南汝宁 | 南宋 |
| 蒋氏 | 蒋家巷、后堡、辛村 | 江苏宜兴 | 南宋 |
| 黄氏 | 秉场、鹿村 | 福建邵武 | 南宋 |
| 凤氏 | 涵村、后埠 | 陕西凤翔 | 南宋 |
| 劳氏 | 劳家桥、劳村 | 北方，后迁入浙江杭州 | 南宋 |
| 叶氏 | 岭东、前湾、慈里、元山 | 河南南阳 | 南宋 |
| 陆氏 | 涵村、后埠 | 吴地 | 南宋 |
| 费氏 | 后埠 | 山东费县、邹邑 | 元末 |
| 沈氏 | 镇夏、汇上、甪里、沈家场 | 浙江东阳 | 南宋 |
| 孙氏 | 横山、涵村 | 安徽泗安 | 明初 |
| 韩氏 | 横山 | 河南安阳、陕西延安 | 南宋 |
| 罗氏 | 横山 | 江西豫章 | 元末 |
| 邓氏 | 明月湾 | 河南南阳 | 南宋 |
| 王氏 | 广泛分布 | 东山 | 南宋 |
| 严氏 | 东湾 | 浙江桐庐，后迁入东山 | 明初 |
| 马氏 | 马村、林屋里 | 陕西兴平 | 五代 |
| 李氏 | 阴山、植里 | 北方 | 南宋 |
| 张氏 | 涵村、张家湾、元山张家角 | — | 元代 |
| 曹氏 | 甪里、梅益 | 甘肃成县 | 南宋 |
| 金氏 | 夏泾、植里、张家湾、岭东 | 安徽 | 南宋 |

此外，西山宗族在外地分支较多，除附近的湖州、无锡等地外，各大宗族都有分支在长沙、汉口、常德、湘潭、宁乡等湖广地区繁衍。随着清末社会剧烈动荡，这些分支与故乡的联系在太平天国至抗日战争时期已基本割断。

（2）商业的兴旺

自南宋大规模人口迁徙以来，又经元、明、清几个朝代的发展与繁衍，西山人口数量不断增多。因地处太湖湖心（图2-12），西山资源极其有限，人多地少的现实条件使得当地人更多的选择外出经商，如民谣《西山富》所形容的西山商人："士人无田可耕，诗书之外，即以耕渔树艺为业，稍有资蓄则商贩荆襄，涉水不避险阻。"[13]他们足迹遍布江浙沪甚至湖南、湖北，与东山商人一起被称作"钻天洞庭"。

不少西山商人经商发家后多回乡里建造宅院，或者赞助修建村里的祠堂或基础设施，营建了众多规模庞大且装饰工艺高超的府邸，形成了诸如东村、甪里、明月湾等布局精巧的传统村落。此情况在清乾隆、嘉庆年间达到了鼎盛。人口的增加、财富的聚集也促进了西山商品经济的发展。在明清时期，西山成为太湖上商业发达的重要港口集镇（图2-13），酒楼、肉铺、粮店、典当铺、茶馆等业态应有尽有，遍布交通要道（图2-14）。

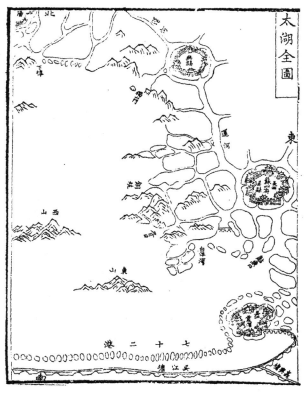

图2-12　清代时的太湖东西山

随着宗族的兴盛、商业的兴起，西山传统乡村地域文化景观的构架已基本形成。目前现存的大部分传统村落、历史遗迹都是始建于明清时期，这一时期形成的聚落、公共空间等文化景观类型也成为西山传统乡村地域文化景观的集大成者。

3）传统乡村的衰败（清末—"文化大革命"时期）

（1）商人转移

清末至民国时期，西山因人多田少、战乱频发，居民外出谋生者增

图2-13　郑泾港口遗迹

图2-14　涵村明代古店铺

多，致使西山人口大幅度减少。据西山慈里人王维德作于清康熙五十二年（1713 年）的《林屋民风》记载，时西山 3 乡 7 都共有 11 610 户、66 029 人[12][14]，至 1949 年中华人民共和国成立时，西山人口只剩不到 25 000 人，人口较清初减少了约 2/3（表 2-10）。众多西山人迁徙至上海、湖广等地从事典当、票号等经营活动。随着商人活动重心的转移，很大一部分财富也因此外流，当地的房屋田契多以变卖或租赁的形式相继转让。传统村镇走向凋敝、衰败。

（2）小农瓦解

中华人民共和国成立后，农村土地划归集体所有，建立了生产大队、人民公社，实行土地改革和合作社，并组建了元山石灰厂、西山碾米厂、西山手工业联社、太湖采石公司等多个集体所有制企业。西山乡村原有的生产关系转变，传统小农经济、商品经济被计划经济所取代。

到 1960 年代，为响应中央"大跃进"的号召[13]，西山开展了大规模的围湖造田运动。由于岛内丘陵多、平原少，自产粮食极其有限。西山地方政府提出"果农不吃商品粮"的口号[14]，开始通过围湖造田的办法开拓耕地（图 2-15）。西山于 1966 年年初至 1970 年代，共围湖造田 14 000 多亩（表 2-11，图 2-16）。然而，粗暴的造田运动没有考虑太湖的水位，经常造成圩田被淹没的惨剧。

（3）文化破坏

"文化大革命"时期，破"四旧"、禁"鬼神"运动盛行，西山被摧

表 2-10　清代至 20 世纪末西山人口变化表

| 年份 | 清康熙五十二年（1713 年） | 清宣统二年(1910) | 民国八年（1929） | 民国三十六年（1947） | 1953 | 1964 | 1978 | 1990 | 1999 |
|---|---|---|---|---|---|---|---|---|---|
| 人口数（人） | 66 029 | 54 217 | 28 745 | 27 781 | 24 718 | 32 377 | 42 440 | 43 139 | 44 543 |

图 2-15　被淹后作为鱼塘的幸福圩

表 2-11 1966 年年初至 1970 年代西山圩田情况表

| 修建时间 | 圩田名称 | 位置 | 面积 | 建设部门 | 被淹时间 |
|---|---|---|---|---|---|
| 1966 年年初至 1970 年 | 白塔圩 | 北端东起橡皮嘴 | 约 550 亩 | 金庭公社 | — |
| 1968 年冬至 1969 年 | 居山圩、战备圩 | 南起居山嘴，北至元山嘴 | 约 5 000 亩 | 金庭公社、石公公社 | — |
| 1970 年 11 月至 1971 年年初 | 大寨圩 | 南端东起明月湾庙山嘴，西到搭连山，北至佘山圩堤 | 约 8 000 亩 | 石公公社 | — |
| 1968 年至 1973 年 | 角里大圩 | 角里前河山至雷渚山 | 约 800 亩 | 建设公社 | 1977 年被淹 |
| 1971 年冬 | 幸福大圩 | 慈西 | 约 600 亩 | 建设公社 | 1983 年被淹 |

注：1 亩≈666.7m²。

毁的不仅是物质遗产，宗族、宗教等地域文化信仰也遭受了巨大的冲击。如东西蔡村被废弃掉的几个祠堂先后被改建成了工厂、学校及村委会等；东村的三清殿、观音堂、延圣堂、更楼等历史建筑在"文化大革命"中遭到破坏；角里、涵村等村落的古建筑上也被贴满了革命宣传标语（图 2-17）。过去村民进行祭祀活动和商品交易的广场演变为行政集会和开展思想宣传活动的场所。西山传统的宗族、宗教信仰，

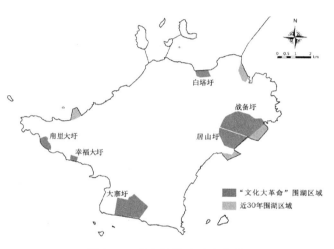

图 2-16 西山围湖造田分布图

图 2-17 角里、涵村古建筑上的宣传画和标语

民俗活动在这个时期基本停滞。

4）社会环境的重构（改革开放至今）

（1）孤岛的终结——交通因素驱动

西山为太湖内岛，旧时对外交通全系水路，沿湖各村镇均设有埠头。太湖大桥通车前，西山至东山、苏州、上海、湖州等地几乎每天都有航船接驳[9]。1994年，连接西山和外界的陆路交通——太湖大桥建成通车，西山居民出行方式发生了翻天覆地的变化，也逐步改变了岛内村民的生活方式和地域的景观风貌。

交通便利性的极大提高，导致外来文化、现代生活方式大规模侵入，大量原住民陆续从老房迁出，搬进现代化的"欧式"洋房（图2-18），古民居建筑或空置，或倒塌荒废，或被拆掉重建，村落的空巢现象也愈加严重；此外年轻一代宗族观念的淡漠使得信仰性场所逐渐失去其应有的功能，不少宗祠如不开发成旅游景点则沦落到无人问津的地步。

（2）产业的转型——社会经济因素驱动

历史上，西山农业以茶果种植为主，工业以太湖石、青石、石灰等开采和加工为主。从改革开放至1990年代，西山的工业在产值上逐步超过农业⑮，并形成以采石、建材、果品加工、轻工制造为主的工业格局。

工矿业是与乡村景观环境相容性最差的一类景观行为⑯[15]。随着产业的升级，政府及有关部门开始逐步关闭岛东北部的采石场、材料加工厂、化工厂等企业⑰，遗留下来多个废弃工业厂房及矿坑区域（图2-19），这也标志着西山的工业化之路面临转型。

太湖大桥的建成通车给西山的旅游发展带来了契机。近年来，西山接待游客量由2004年的88.2万人次发展到2015年的386.8万人[16]，景区旅游收入也呈稳步上升趋势（表2-12，图2-20）。

如今，西山形成了以花果、粮油、茶叶、水产养殖为主的第一产业，以建材、果品加工、轻工制造为主的第二产业，以及以旅游观光、休闲度假为主的第三产业综合发展模式。近年来，西山第三产业产值超过第一产业、第二产业之和，旧时以农业为主的产业正式转型为以旅游度假

图2-18 西山村民盖起的"欧式"洋房

图2-19 西山现代化采石场设备

表 2-12　2004—2015 年西山（金庭镇）游客量统计表

| 年份 | 2004 | 2005 | 2006 | 2007 | 2008 | 2009 | 2010 | 2011 | 2012 | 2013 | 2014 | 2015 |
|---|---|---|---|---|---|---|---|---|---|---|---|---|
| 游客量（万人次） | 88.20 | 110.30 | 137.90 | 172.30 | 44.20 | 60.00 | 278.00 | 303.00 | 318.00 | 346.92 | 368.70 | 386.80 |

为支撑的经济发展模式。

西山旅游业等第三产业的发展也带来用地类型的快速转变。根据《苏州太湖国家级风景名胜区总体规划（2001—2030 年）》，西山 2001 年有风景游赏用地面积 2 683.14 hm²，按计划 2030 年该用地面积将达到 6 080.01 hm²，从占西山总面积的 30.71% 扩充至 72.68%；而与之相反，居民点用地面积则从 8.44% 下降到 7.69%；工副业生产用地从 0.23% 下降至 0.04%。西山的社会环境与景观风貌面临新一轮的转变。

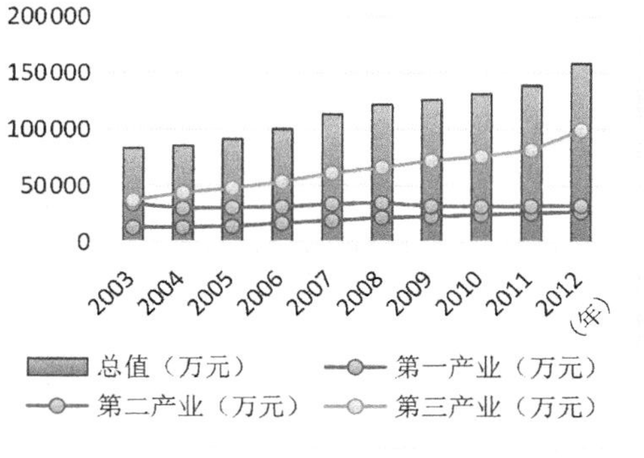

（3）多重的身份——政策因素驱动

西山在行政上隶属苏州市金庭镇，随着西山被国家级风景名胜区、森林公园等保护地纳入并出台了各类型规划，以及被中国历史文化名村（镇）、传统村落名录等保护性名单收录，西山拥有了多重身份。

①各类型规划

1980 年，江苏省政府设立了"江苏省太湖风景区建设委员会"[18]，筹建太湖风景名胜区。1982 年，太湖风景名胜区正式成为第一批国家级风景名胜区，西山作为子景区也被纳入风景名胜区的范围。太湖风景名胜区设立后，相关部门一直不断加强对区内资源的保护和建设管理，并出台了一系列规划，这些规划对西山的发展起到了重要的推动作用。

1983 年相关部门开始编制《太湖风景名胜区总体规划》，这是太湖风景名胜区的第一个总体规划，并于 1986 年经国务院同意批准实施（下称 1986 版规划）。1986 版规划对太湖风景名胜区以及子景区的性质、功能、总体布局、资源保护、开发建设和协调管理等重大问题作出了规定，在太湖风景名胜区和西山景区的建设进程中发挥了重要的作用。

针对西山的专项规划，较早且较有代表性的是 1987 年的《太湖风景名胜区西山景区规划》和 1996 年的《吴县太湖西山森林公园总体规划》，这两个规划奠定了西山自然和人文风貌的保护与利用基础；2003 年，江苏省城市规划设计研究院以《太湖风景名胜区规划的批复》为依据，编制完成《太湖风景名胜区西山景区总体规划》，这是对《太湖风景名胜区规划大纲》的深化[19]，强调景区资源的可持续利用与逐步开发；之后，

图 2-20　2003—2012 年西山（金庭镇）三类产业生产值

注：2008 年、2009 年由于部分景点由私人承包经营，游人量等数据没有纳入表中统计范围。

苏州市规划设计研究院编制了《苏州市西山镇总体规划（2006—2020年）》（图2-21），提出了历史文化名镇的保护思路、框架和古村落保护的要求；2009年，江苏省城市规划设计研究院编制了《太湖风景名胜区总体规划（2001—2030年）》，"西山"章节内强调重点保护景区的自然风光、古村特色以及田园村落景观，并提出发展古村创意生活产业，此规划于2016年7月得到国务院批复（图2-22）。

此外，西山还一直致力于对单个传统村落的保护，出台的主要规划有2006年苏州市规划设计研究院有限责任公司、江苏省城市规划设计研究院联合编制的《东山镇、西山镇古村落保护与建设规划》。该规划以延续历史文脉、塑造村落特色、合理选择建设模式为原则，编制了杨湾、三山岛、翁巷、堂里、后埠、东西蔡、涵村、植里、甪里等10个古村落的保护性规划。规划强调整合区域旅游资源，促进古村落乡村旅游发展，引导古村落群错位竞争、协调发展，在推进新农村建设背景下历史文化遗产保护方面作出了积极的探索。

为了配合历史文化名镇（村）等更为严格的保护要求，西山部分传统村落开展了更为具体的历史文化名镇（村）保护规划，如2013年批准的《苏州市金庭镇明月湾历史文化名村保护规划》，2014年通过评审论证的《苏州市金庭镇东村历史文化名村（保护）规划》等单个传统村落保护规划，为西山更高级别的村镇专项保护奠定了基础（图2-23）。

总的来说，近40年来相关部门编制了一系列的规划，针对西山自然环境及传统村镇遗产，形成了复合型的保护与发展路径（图2-24）。然而由于规划的侧重点不同，并由不同部门负责，多个部门各自进行规划容易造成相互矛盾甚至冲突的局面，使得传统村镇的保护和可持续发展效益低下[17]。因此，如何在识别和分析关键的地域文化与景观遗存、辨识不利于传统乡村景观存续的风险源头和相关影响的基础上，量化分析西山传统乡村地域文化景观、给予相关规划必要的依据十分必要。

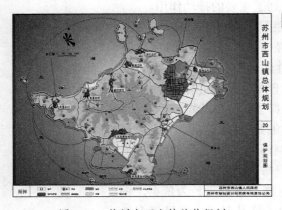

图2-21　苏州市西山镇总体规划

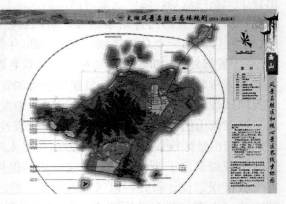

图2-22　《太湖风景名胜区总体规划（2001—2030年）》
之西山子景区部分

图 2-23　明月湾村、东村历史文化名村保护规划

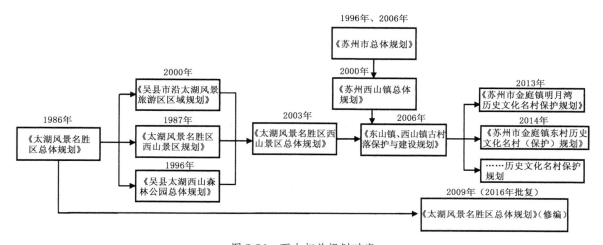

图 2-24　西山相关规划时序

②一系列名录

随着国家各级政府对历史建筑、传统村镇保护的重视程度不断提高，一些历史价值较高的传统村镇的角色也逐步发生变化，过去居民生活和劳作的传统空间已成为被保护的历史场景和文化遗产。

早在 1986 年，西山的八处历史建筑和文物就被列入吴县市第二批文物保护单位；2003 年，西山成立了古村落保护和整治专项工作领导小组，旨在加强明月湾、东村、堂里等重点传统村落的保护和整治工作；2005 年，苏州市颁布了《苏州市古村落保护办法》[20]和相关评审标准[21]，随后又颁布了第一批市级控制保护古村落，西山的明月湾、东西蔡、堂里、东村、角里、后埠和植里七个古村落名列其中；2007 年，明月湾入选江苏省历史文化名村；之后一批优秀的西山传统村落进入江苏省历史文化名村、中国历史文化名村和中国传统村落名录等重要保护名录（表 2-13），这些名录的保护重点主要在于明清古建等遗迹的勘察、修缮，以及对人口容量、

表 2-13　西山传统村落被各类保护名录收录情况

| 入选名录 | 入选年份 | 西山入选村落 | 评选部门 |
|---|---|---|---|
| 苏州市控制保护古村落 | 2005 年 | 明月湾、东村、堂里、后埠、东西蔡、植里、甪里 | 苏州市政府 |
| 江苏省历史文化名村 | 2007 年、2013 年 | 明月湾（第四批）、东村（第七批） | 江苏省政府 |
| 中国历史文化名村 | 2012 年 | 明月湾 | 住房和城乡建设部、国家文物局 |
| 中国传统村落名录 | 2012—2016 年 | 明月湾（第一批）、东村（第二批）、衙甪里村（第三批）、东蔡村（第三批）、植里村（第三批）、后埠（第四批）、堂里（第四批） | 住房和城乡建设部、文化部、财政部 |

传统风貌提出控制及引导。

历史文化名村、传统村落名录的初衷和出发点在于保护优秀传统村镇，然而在市场经济主导的当代社会，此类名录称号往往被作为宣传旅游的"头衔"，最终形成以旅游业为主体的村落发展模式，随之而来的却是历史风貌的破坏和传统精神内核的瓦解。因此，如何在纷繁的保护名录基础上探索文化景观的活态化，以及系统性保护途径尤为重要。

## 2.3　西山传统乡村地域文化景观的安全困境

### 2.3.1　生态压力剧增

传统乡村地域文化景观空间表现为人类传统生产方式与自然生态环境和谐相处并高度契合的聚居地区和地理空间[18]，良好的自然山水环境是传统村镇存在和可持续发展的重要根基。

近年来，随着工业、商业和旅游业等现代产业的迅猛发展，西山生态环境压力剧增。2002—2015 年，西山建设用地斑块数量不断走高，林地、水域等生态用地类型斑块数量则不断下滑，景观破碎化加剧[19]（图 2-25），造成生态网络的阻断与割裂。尤其需要注意的是旅游资源的开发，其用地空间很大一部分来源于农林用地，占用了西山大量的山体、林地、河道等动植物栖息环境，给生态环境造成了较大的压力。

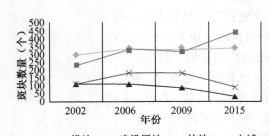

图 2-25　2002—2015 年金庭镇（西山）各景观类型斑块数量变化

图 2-26 "变身"为范蠡文化馆的明月湾村朱家祠堂

### 2.3.2 乡村活力衰退

传统乡村地域文化景观是"活态"的、"可持续进化"的遗产类型，是延续历史文化的鲜活载体，并维系着地域中浓郁的"乡愁"。对其保护不仅仅是延续视觉上的景观形态外壳，更需延续蕴含着人类生活习惯、交往模式、社会习俗等的人文内核。

随着现代产业的迅猛发展，西山传统乡村原有的活力正在逐渐衰退，且不同传统村落之间出现了两种截然不同的境遇[20]：

第一种境遇是"过热"。此类传统村落风貌保存往往较为完整，商业开发和媒体宣传也较为成功、名声在外、基础设施完善、游客络绎不绝。然而村落的职能却转变为以旅游为主导，传统空间旧时的功能属性基本丧失，如历史文化名村明月湾村的古码头、古香樟水口地、宗族祠堂等均已失去原有的村落公共空间作用，被作为游客观光游憩的场所（图2-26），形成了貌似光鲜却毫无"土气""生气"的空心村。

第二种境遇是"过冷"。除了被列入保护名录的古村落，西山还分布有大量的一般性传统村落，这类村落也分布有一定数量的传统建筑和文化遗产，然而由于未被"挂牌"或被某些名录收录，几乎无人问津。在当前农村劳动力大量进城务工的时代背景下，这类村落逐渐沦为老弱病残的留守地，大量具有历史文化价值的生产生活场景、民俗文化随着村落的衰败而损毁或消失，乡村的活力逐步消失殆尽。

### 2.3.3 系统保护缺失

我国众多传统村镇在确立保护范围时，通常需按相关规定将历史风貌较完整、历史建筑和传统风貌建筑集中成片的地区划定为"核心保护范围"，在核心保护范围之外划定"建设控制地带"，以及划定更大范围的"环境协调区"，形成了层层外扩的"圈层式"保护范围划分方式[21]（图

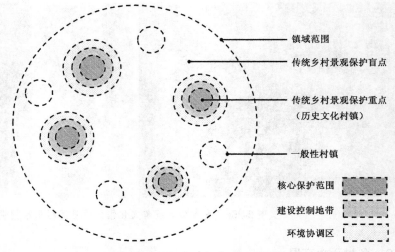

镇域范围

传统乡村景观保护盲点

传统乡村景观保护重点
（历史文化村镇）

一般性村镇

核心保护范围

建设控制地带

环境协调区

图 2-27  "圈层式"保护范围划分示意

图 2-28  "圈层式"策略下的西山明月湾古村保护规划

2-27、图 2-28）。此类方法在遗产较为集中的单个历史文化村镇具有相对优越性。

　　然而与同在苏州的周庄、同里等历史风貌集聚型历史文化村镇不同，西山传统村落是以组群的模式呈现，聚落周边遗存着大量的自然、文化景观，聚落与周边山水环境有机结合形成"山、水、宅"融合的格局，并形成生活生产、精神信仰等多类型复杂的文化景观空间。如搬套"圈层式"的历史村镇空间保护方法对西山进行保护性规划，容易陷入片面和静态保护的误区。而且，西山同时隶属太湖国家级风景名胜区、西山国家森林公园、太湖国家旅游度假区等保护地或旅游目的地，相关规划错综复杂，针对该地域传统乡村景观系统性的保护策略较为缺失。应在对其地域文化深层次认知的基础上，综合考量其文化遗产、整体环境以及隐含的文化因素，探索其空间特征及形成机理，在更大的尺度上建构针对传统村落群的系统性景观保护路径[22]。

鉴于此，本书力图从地域文化景观视角入手，以文化景观安全为出发点，以"源汇"格局为途径，选择景观价值高、遗产密度大、地处发达地区、新旧等矛盾突出的西山作为典型案例，构建系统性、网络化的传统乡村地域文化景观保护与安全体系。

## 2.4 本章小结

山峦叠嶂、四面环湖的地理环境，广布的山坞、湖湾，环绕的大小岛屿，为西山先民的繁衍生息提供了优越的栖息之地，同时也孕育了极具特色的地域文化。西山文化起源于隐逸，之后宋室南渡带来了商业与宗族的兴盛，至清末到"文化大革命"的历史时期，传统文化逐渐走向衰败、消亡。如今，西山遗存了大量独具山湖特质的传统乡村景观遗产，并引起了各级政府、规划等部门的高度重视。在西山快速的社会转型过程中，对西山传统乡村的保护不仅需要关注其历史聚落、建筑等物质文化遗存，还需考虑如何在保证西山社会经济发展有序进行的同时，有效传承富有地域特征的生态/人文系统和景观空间网络，促进西山乡村的可持续发展。

本章系统阐述了西山文化景观的构成要素、时空背景和安全困境，为系统性分析传统乡村地域文化景观"源汇"格局奠定基础。

**第2章注释**

① 苏州太湖国家旅游度假区是由国务院批准建立，东起胥口镇，南临太湖，西靠渔洋山，北依吴中穹窿山，连接湖中长沙岛、叶山岛、西山诸岛，启动开发面积为11.2 km²。

② 也有一些学者将乡村物质文化景观分为"传统聚落景观""农业生产景观""土地利用景观"三类，本书根据西山乡村景观的尺度、特色，将"土地利用景观""农业生产景观"合并为"土地利用景观"。

③ 据《西山镇志》记载，西山的年平均温度在16℃左右，年降水量为1 000—1 500 mm，年均日照时数约为2 100 h。受季风影响，西山与江南其他地区一样，常年主导风向为东南风，次主导风向为西北风。

④ 王维德（清代）《洞庭七十二峰》载："太湖三万六千顷，中有峰七十二。洞庭周八十里，其为峰亦如之……峰之最高者曰缥缈，群山环拱，俨若植壁秉圭，践其巅，三万六千顷之胜可以俯而有也。"

⑤ 在山丘形成的漫长过程中，在谷底会堆积较厚的冲积物，形成谷底宽平、向外微斜的谷地，其谷底与两侧山坡有明显的角度转折，与后面山坡逐渐过渡，整个沟谷形态若船坞，因而称为山坞。

⑥ 据《林屋民风》记载,西洞庭山有坞 22、湾 21。此 21 湾为金铎湾、渡渚湾、南湾、东湾、西湾、后埠湾、前湾、辛村湾、元山湾、可盘湾、练渎湾、沉思湾、龟山湾、张家湾、明月湾、消夏湾、西湖湾、夏家湾、仰洪湾、浮湾、衙里湾。

⑦ 据明代《震泽编》记载,西山主岛原被分为三部分,称为"三断",系指旧时因有两条南北贯穿西山的河港(郑泾港、金铎河)而将西山岛分为互不相连的三部分。

⑧ 平台山岛位于太湖中心略偏西,离陆地 25 km,离西山岛 19.04 km,岛上地势平坦,故称为平台山。据《吴县志》记载,1960 年由于修筑灯塔,原禹王庙被拆除,后 2006 年由渔民复建。

⑨ 据《西山镇志》记载,敬王二十六年(即吴王夫差二年,公元前 494 年),吴国从坢中出发,经固陵转笤水抵至太湖椒山(今洞庭西山)大败越军,越被迫求和,越王勾践入吴国为臣。

⑩ 吴县是吴文化的源头,对太湖地区吴文化的界定标准,当今学术界大致可分为两种类型:一是狭义的指代先秦时期的吴国所形成的文化;二是广义的包括吴国文化在内到后来吴地文化的演变与发展。

⑪ 据《西山镇志》记载,约公元 250 年,东吴太傅阚泽退隐西山,舍宅建文化寺和盘龙寺;南北朝时期,西山隶属梁国,建报忠寺、福源寺、禹王庙、水月寺、孤园寺、法华寺、西湖寺、上真宫、西升观等;唐代建神景宫、长寿寺;五代建罗汉寺等。

⑫ 据《西山镇志》记载,康熙时期,西山分为三乡七都:姑苏乡(下辖吴县第三十二都、第三十三都、第三十四都)、洞庭乡(下辖吴县第三十五都、第三十六都)、长寿乡(下辖吴县第三十七都、第三十八都)。

⑬ 1967 年,毛主席号召人民"深挖洞、广积粮""备战备荒为人民",全国各地掀起大办粮食活动的高潮。

⑭ 《西山镇志》载:"当时西山建设公社农民的自产口粮,平均只能吃两个月,石公公社 4 至 5 个月,金庭公社半年多一点。"

⑮ 据《西山镇志》记载,1984 年西山的工业产值首次超过农产品,这不仅是由于传统采石、果品行业迅速发展壮大,还因兴办起了一批玩具、手套、服装、五金等生产厂。据 1988 年统计,西山共有镇办等集体厂 30 余家,村办等集体厂 100 余家,全镇几乎村村有工厂。1990 年代,随着经济体制、市场等变化,个体经营工业迅速发展,一部分企业依靠技术进步规模迅速扩大,一部分厂家被关闭,部分转制为私营企业,形成了采石、建材行业以镇村集体为主,果品加工、轻工制造等其他行业以个体经营为主的工业格局。至 1999 年,全镇共有工业企业 54 家,职工 7 200 余人,工业产值占全镇总产值的 70%,是 1979 年产值的 40 倍。

⑯ 乡村工业和矿业具有资源消耗大、景观与乡村基质差异大、工矿业形成大量的废料和废气在乡村景观中积累等问题,对乡村景观会造成严重的破坏,乡村景观的居住性、投入性和进入性亦受到严重损害。

⑰ 从 1992 年开始,由于对环保的重视,各环保措施逐步实施,关闭了具有较高污染度的 30 多家企业。2008 年全镇所有采矿企业关停。

⑱ 2010 年 2 月,更名为"江苏省太湖风景名胜区管理委员会"。

⑲ 《太湖风景名胜区西山景区总体规划》突出西山山水萦抱、茶香果绿的自然景观特色和乡韵浓厚、古村名宅众多的吴地山乡地域特色,使西山景区真正成为太湖风景名胜区的沿湖重要景点。并以发展旅游为契机,兼顾风景区的功能,满足人们休闲娱乐、观光度假的多方面需求,创建一个供国内外游客赏花撷果、湖滨休闲、古村民俗游览以及科技农业观光的风景游览区。规划布局为六个子景区,分别是田园农业观光区、驾浮名胜游览区、消夏湾民俗游览区、缥缈峰生态游览区、山乡古镇风俗游览区及太湖风情观光区。

⑳《苏州市古村落保护办法》规定规划古村落的保护内容包括六个方面：具有特色的整体空间环境和风貌；传统的街巷格局和形态；具有文物价值的古文化遗址、古建筑（构筑）物、石刻、近现代优秀建筑等；地下文物埋藏区；河道水系、地貌遗迹、古树名木等；具有地方特色的方言、传统戏曲、传统工艺、传统产业、民风民俗等文化遗产等。

㉑苏州市古村落保护名单收入条件：村落形成于1911年前，传统街巷及两侧古建筑保存较为完整、具有特色；有10处以上1911年前形成的民居、祠堂、寺庙、义庄、会馆、牌坊、桥梁、驳岸、古井及近现代重要史迹、优秀建筑；具有地方特色的民族民间文化等。

**第2章参考文献**

[ 1 ] 孙艺惠.传统乡村地域文化景观演变及其机理研究——以徽州地区为例[D]：[博士学位论文].北京：中国科学院地理科学与资源研究所，2009.

[ 2 ] 王云才，石忆邵，陈田.传统地域文化景观研究进展与展望[J].同济大学学报（社会科学版），2009，20（1）：18-24，51.

[ 3 ] 刘之浩，金其铭.试论乡村文化景观的类型及其演化[J].南京师大学报（自然科学版），1999，22（4）：120-123.

[ 4 ] 李和平，肖竞.我国文化景观的类型及其构成要素分析[J].中国园林，2009，25（2）：90-94.

[ 5 ] 欧阳勇锋，黄汉莉.试论乡村文化景观的意义及其分类、评价与保护设计[J].中国园林，2012（12）：105-108.

[ 6 ] 中国民族民间文化保护工程国家中心.中国民族民间文化保护工程普查工作手册[M].北京：文化艺术出版社，2005.

[ 7 ] 孙艺惠，陈田，王云才.传统乡村地域文化景观研究进展[J].地理科学进展，2008，27（6）：90-96.

[ 8 ] 朱建宁.展现地域自然景观特征的风景园林文化[J].中国园林，2011（11）：1-4.

[ 9 ] 苏州市吴中区西山镇志编纂委员会.西山镇志[M].苏州：苏州大学出版社，2001：32，40，54，147.

[10] 李从先，陈庆强，范代读，等.末次盛冰期以来长江三角洲地区的沉积相和古地理[J].古地理学报，1999，1（4）：12-25.

[11] 刘见华.吴越战争越军进军路线考[D]：[硕士学位论文].杭州：浙江大学，2011.

[12] 周本述.洞庭西山与"商山四皓"[J].苏州教育学院学报，1986（3）：71.

[13] 马学强.钻天洞庭[M].福州：福建人民出版社，1998.

[14] 王维德.林屋民风[M].扬州：广陵书社，2003.

[15] 王云才.现代乡村景观旅游规划设计[M].青岛：青岛出版社，2003.

[16] 金庭镇人民政府.金庭镇政府工作报告[R].苏州，2014—2015.

[17] 刘澜，唐晓岚，熊星."多规合一"趋势下风景名胜区管理问题研究[J].北方园艺，2016（19）：105-109.

[18] 王云才，吕东.传统文化景观空间典型网络图式的嵌套特征分析[J].南方建筑，2014（3）：60-66.

[19] 樊勇吉.基于空间信息技术的太湖风景区（苏州吴中片区）村落景观格局演变研究[D]：[硕士学位论文].南京：南京林业大学，2016：68.

[20] 朱逸涵，唐晓岚.古村落保护发展中的公地悲剧问题与对策研究——以太湖古村落为例[J].中国名城，2017（5）：54-58.

[21] 颜政纲.历史风貌欠完整传统村镇的原真性存续研究[D]:[博士学位论文].广州:华南理工大学,2016:1.

[22] 王云才,史欣.传统地域文化景观空间特征及形成机理[J].同济大学学报(社会科学版),2010,21(1):31-38.

**第2章图表来源**

图2-1 源自:笔者根据《苏州太湖国家旅游度假区总体规划(2011—2030年)》绘制.

图2-2 源自:《苏州太湖国家级风景名胜区总体规划(2001—2030年)》.

图2-3、图2-4 源自:笔者绘制.

图2-5 源自:王云才,陈田,郭焕成.江南水乡区域景观体系特征与整体保护机制[J].长江流域资源与环境,2006,15(6):708-712.

图2-6 源自:《太湖风景名胜区西山景区详细规划(2017—2030年)》.

图2-7、图2-8 源自:笔者绘制.

图2-9 源自:金友理.太湖备考[M].南京:江苏古籍出版社,1998.

图2-10、图2-11 源自:笔者拍摄.

图2-12 源自:金友理.太湖备考[M].南京:江苏古籍出版社,1998.

图2-13 源自:苏州太湖国家旅游度假区管委会.深闺瑰宝:太湖西山古村落[M].苏州:古吴轩出版社,2004.

图2-14、图2-15 源自:笔者拍摄.

图2-16 源自:笔者绘制.

图2-17 至图2-19 源自:笔者拍摄.

图2-20 源自:笔者根据《吴中年鉴(2004—2013年)》数据绘制.

图2-21 源自:《苏州市西山镇总体规划(2000年)》.

图2-22 源自:《太湖风景名胜区总体规划(2001—2030年)》.

图2-23 源自:《苏州市金庭镇明月湾历史文化名村保护规划》《苏州市金庭镇东村历史文化名村(保护)规划》.

图2-24 源自:笔者绘制.

图2-25 源自:樊勇吉.基于空间信息技术的太湖风景区(苏州吴中片区)村落景观格局演变研究[D]:[硕士学位论文].南京:南京林业大学,2016:68.

图2-26 源自:笔者拍摄.

图2-27 源自:笔者绘制.

图2-28 源自:《苏州市金庭镇明月湾历史文化名村保护规划》.

表2-1 源自:《苏州太湖国家级风景名胜区总体规划(2001—2030年)》.

表2-2 至表2-8 源自:笔者绘制.

表2-9、表2-10 源自:笔者根据苏州市吴中区西山镇志编纂委员会.西山镇志[M].苏州:苏州大学出版社,2001绘制.

表2-11 源自:笔者绘制.

表2-12 源自:笔者根据《吴中年鉴(2005—2015年)》数据绘制.

表2-13 源自:笔者根据相关资料整理绘制.

# 3 传统乡村地域文化景观系统存续"源汇"格局建构

传统乡村地域文化景观是一个地区人类与自然环境之间长期交互作用的外在呈现[1]，山水格局、沟渠阡陌、护坡池塘、林木坟垄等景观元素经过成百上千年与环境的适应过程和发展演化，维持在一个微妙的平衡状态，已成为大地生命肌体的有机组成部分[2]。它们既是历史文化遗产，也是原居民赖以生存、生产、生活的复合空间载体，是乡村地区丰富多彩地域文化的重要承载媒介。本章在上一章西山传统乡村自然地理本底和社会人文过程梳理的基础上，以西山地域文化内核为出发点，以"源汇"理论为依据，以景观空间过程分析为手段，尝试模拟和推衍传统乡村地域文化景观的潜在生长过程和适宜性空间，建构其系统存续"源汇"格局。

## 3.1 研究目标及内容

传统乡村地域文化景观系统存续"源汇"格局以西山人居文化、劳作文化、信仰文化、商业文化、民俗文化等地域文化为出发点，通过辨识、补缀关键的文化景观保护源地，模拟其潜在的景观生长路径，最终推导出系统存续"源汇"格局。主要有以下研究内容：

### 3.1.1 辨识与补缀文化景观系统存续"源"

系统存续"源"是传统乡村中各类型地域文化景观的保护节点和生长源头，对其类型、位置、完整性和扩张强度的判别是模拟地域文化景观空间过程的基础。"源汇"理论认为，任意景观单元和空间类型，从生态/人文意义上来说均具备"源"功能的潜力。在西山地域文化景观"源"的判定上，既要考虑对自然资源的尊重，又要体现地域文化的需求，需在充分了解西山自然地理和文化背景、时空演进特征的基础上，通过影像识别、文献查阅、专家问卷和实地踏查等方式综合判定源地所在位置和范围。此外，对待已经被破坏或消退的关键源地，本书按照"原真性""在地性"等原则对其进行重构、补缀与复兴。

### 3.1.2 判别"源"的扩张及"汇"的阻力强度

"源汇"理论认为，景观的扩散来自于空间负荷的饱和。超出阈值，相应的景观则会产生一定程度的扩散[3]。由于内在动力等级不同，各类别的传统乡村地域文化景观系统"源"具备不同的潜在扩张能力，并受到景观用地类型、自然地理及人文状况的综合影响，产生出不同等级与程度的阻力"汇"。本章基于最小累计阻力模型（MCR）的计算方法，通过判别、量化源地扩张和汇地阻力的类别及相应的强度数值，模拟各生态／人文景观要素之间的相互作用与潜在空间关系。

### 3.1.3 推导传统乡村地域文化景观系统空间的拓展路径

在判定保护源地、汇地的类别、位置、范围以及强度的基础上，利用空间模型模拟传统乡村景观生态、生产、生活和精神信仰等景观系统空间的潜在生长路径，确定景观系统存续的各项单一"源汇"格局，并将其叠加为文化景观综合"源汇"格局。综合"源汇"格局基于当前西山景观现状，模拟了传统乡村生态／人文景观生长的潜在过程和适宜性发展空间，从侧面反映了各类文化景观系统网络的完整程度，为后续风险预警"源汇"格局的叠加、区域划定和保护、控制及引导策略的提出奠定基础。

## 3.2 本章技术路线

传统乡村地域文化景观系统存续"源汇"格局构建主要分四个步骤：①在上一章西山自然地理本底和社会人文过程分析的基础上，对西山地域文化进行必要的归纳和梳理；②辨识人居文化、劳作文化、信仰文化、商业文化、民俗文化等地域文化所承载的景观空间类型和位置，确定生态系统、生活系统、生产系统、信仰系统等"源"的类别、位置、范围和强度，并补缀关键性的缺失源地；③根据不同类型的源地，判断其相应的阻力"汇"种类，并对其赋值；④基于最小累计阻力模型（MCR），计算单一景观"源汇"格局，并最终按权重叠合为文化景观系统存续综合"源汇"格局。需要说明的是，综合"源汇"格局下分的生态景观和人文景观"源汇"格局将在第5章与风险预警"源汇"格局叠合，以划分西山文化景观生态／人文安全等级（图3-1）。

## 3.3 西山地域文化识别

传统乡村景观所承载的文化信息丰富，被认为是乡土文化的"活化石"。在不同地区，文化景观受地域文化的影响，表现出各自独特的文化

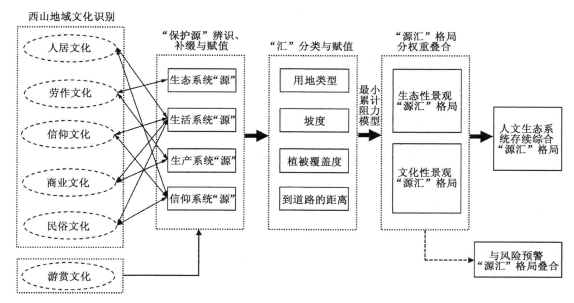

图 3-1　西山传统乡村地域文化景观系统存续"源汇"格局建构技术路线

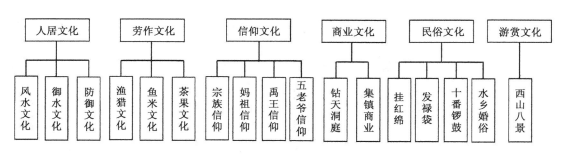

图 3-2　西山主要地域文化

基因和景观差异[4]。在广义层面上,地域文化泛指某个地域环境下所属文化的总和,是当地人民在长期的生产生活中创造而来,且不断发展、演进和积淀。地域文化可以表现在某一地域生活生产状况、民族风俗习惯、人文宗教活动和文化技术水平等各个方面[5]。

对一个地区多类型地域文化的判别和梳理,能够帮助研究者发掘、归纳地域文化景观系统的关键空间类别和价值内涵。因此,在构建系统存续"源汇"格局之前,需对西山地域文化进行识别、归纳和整理。

西山所处的吴文化是一种具有鱼米水乡特色的"才智艺术型"地方文化,据相关学者考证其具有五个本质属性:水文化、鱼文化、稻文化、蚕桑文化、船文化[6]。在吴文化的地域环境背景下,西山人民形成了兼具吴文化与"湖岛"特质的地域文化类型。按照功能属性,可将其划分为人居、劳作、信仰、商业、民俗和游赏等文化类别(图 3-2)。

### 3.3.1 人居文化

在太湖湖心、山峦叠嶂的特殊地理环境下，西山先民发展出独特的人居文化。较有特色的主要有：风水文化、御水文化和防御文化。

1）风水文化

中国自古以来将大地看作一个有机的整体，认为最适宜居住的地方应当是"宅以形势为身体，以泉水为血脉，以土地为皮肉，以草木为毛发……"[7] 在传统乡村地区，良好的村落选址应是背靠主龙脉祖山，左右是左辅右弼的沙山，前有屈曲蜿蜒的水流绕过，或是带有吉祥寓意的弯月形水塘，水的对面要有对景案山，更远处是朝山，共同形成理想整体的风水格局（图3-3）[8]。

西山传统村落住民大多是北方贵族迁徙而来，出于对世代兴旺的期盼，对风水理念极其看重。村落在选址上基本符合一般性邻水村落"相土尝水、象天法地"的相地思想，村外可远观太湖万顷风光，村内可借山形水势。如西山的明月湾、植里、东村等传统村落的择址均是采用这种"背山面水"的相地模式（图3-4），三面环山使"气"藏于山脉之中，开门面水则使山脉中聚集的生气遇水而止①。此外，西山大多数古村落通常依据水口的位置来确定村口的朝向，并通常在村口种植风水树、风水林等祥瑞植物。宗祠、祠堂通常作为西山传统村落的核心，往往在风水上乘之地选址，如东村的徐氏宗祠在村落中具有统摄全局的地位（图3-5），伦理宗法观念在西山先民心目中的重要性可见一斑。

依靠风水文化的传统村落选址是西山先民朴素生态理念的体现，也是西山人居文化及空间范式的重要内容。如东村古村选址在太湖之滨、凤凰山边，山水交融的人居环境孕育了东村数百年的兴旺繁衍。然而，近年来为了修筑环岛公路，东村北面的凤凰山体被"削除"（图3-6）。缺少凤凰山的遮挡后，东村周边的小气候环境被改变。冬季，太湖湖风直吹入户，不少住户将原本开敞的院落用钢架和玻璃封闭起来以抵御湖风。

村镇风水格局的封闭式空间构成

村镇风水格局的基本模式示意

图 3-3　理想村镇风水示意图　　　　　　　图 3-4　堂里古村布局示意图

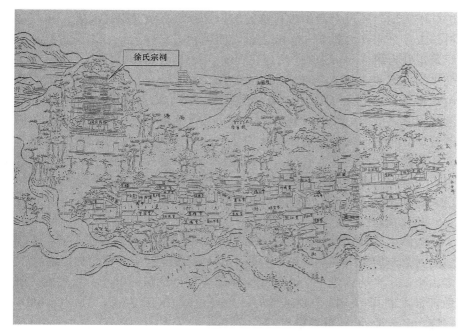

图 3-5　东村处于核心地位的徐氏宗祠

图 3-6　西山环岛公路与挖掉的山体

可以说，西山适应自然环境的村落选址，是在传统风水堪舆理论与漫长历史进程中优胜劣汰、自然筛选的产物，是优秀的人居文化范式。

2）御水文化

由于地处湖心，洪涝历来是西山主要的自然灾害。据记载，从三国吴帝太元元年（251 年）到清宣统三年（1911 年）的一千多年中，太湖共发生有记录的较大水灾 150 次。如清道光二十二年（1842 年）夏天，西山遭受暴雨，各山坞先后"出蛟"②，冲毁多处屋舍、农田。

西山先民对频繁发生的水灾作出了多方面的努力：其一，村落往往选址于高地。通过对西山古村落的地形高程进行统计对比发现，西山古村落大多分布在海拔 5—25 m 之处，而据相关史料记载，太湖水位最高纪录正好为海拔 5 m 左右[9]。在 1991 年梅雨季节中，西山传统村落未受洪涝，而建于 1970 年代的东山镇席家湖村却部分被淹[10]。其二，西山众多古村落村址的选择并未紧邻太湖，而是退湖岸线 1 km，使得村落与太湖之间有一个缓冲地带，并常将其作为耕作用地，可见古人在村落选址时已对水文规律有了较为科学的认知。其三，西山传统村落内部往往修建了沟渠等排涝设施，依山就势、沿街巷分布（图 3-7、图 3-8），也有一部分村落为防止山洪倾泻而在周边山体的冲沟处挖有水塘，既可用来灌溉农田，又可在汛期起到蓄洪的功效。

3）防御文化

太湖水道四通八达，且无险可守，湖中富饶的西山岛便成了盗匪觊觎的对象，历史上湖匪成患。古籍中对太湖盗匪猖獗多有此类描述："吴多山少田，半为太湖……然绝无峪垌蓊菁可以窜贼，山险不足患也。所患者惟太湖耳……贼舟凌风驾涛，齐噪竟近，难于控御。且洞庭两山，富饶之名虚播天下，贼素染指，备之不可不豫。"[11] 当地又有民谚形容道："田中稗草拔不尽，太湖盗匪捉不尽。"太湖中盗匪之猖獗可见一斑。

针对匪患，一方面，官府设立了相应的防御机构，如北宋设立的角头寨（图 3-9）、元朝明朝的角头巡检司以及清朝的江南太湖营④和汛为防⑤。至清朝，大多村落均设有营汛和汛兵，隶属浙江营西山把总管辖。另一方面，民间也自发地组织起来保家卫村、抵御匪患，以氏族为基础的单个村落形成了独立的防御单元，并修建了众多具备防御功能的建、构筑物。如修筑巷门，以及在巷口设置具有警示作用的更楼（图 3-10、图 3-11），而通向山中和湖滨的道路上则设有山门。营汛、大街门道、巷门、更楼、山门以及各家各户的高墙深院，构成了西山传统村落多层次的复合防御体系。另外，西山结合山坞修建的村落，亦可利用该地形相对封闭、易守难攻的特点避祸防匪。

图 3-7　明月湾排水河道

图 3-8　东村排水渠道

图 3-9　甪头寨遗址　　　　图 3-10　明月湾古村的巷门　　　　图 3-11　明月湾古村的更楼

### 3.3.2　劳作文化

西山四季分明、温暖湿润、日照充足、气候宜人、土地肥沃，历史上形成了湖中以捕鱼为主、山地以花果为主、平原以粮田蔬菜为主、滨湖低地以蚕桑和水产养殖为主的农业结构，并且形成了农业茶、果、渔、粮、桑、菜六大经济体系，素有"花果山、鱼米乡"的美誉。

1）渔猎文化

吴地先民以渔猎为生，视鱼为通灵之物，以"鱼"为图腾。从石器时代起至历朝历代，太湖先民就开始在湖中捕猎⑥。长期居住在太湖之中，西山渔民打鱼更是由来已久，在渔船建造⑦、渔具渔法、信仰祭祀等方面形成了丰富的地域文化习俗。

在西山，渔民又被称为"网船浪人"⑧（图3-12）。据记载西山渔民大多为西山本地人，以沈、徐两姓为多，使用1—2 t的小船在岛四周和内港中以天然捕捞为主，以船为家，沿岛漂泊[12]。渔民舟楫出入于风口浪尖，生命财产缺乏保障，往往以求神仙保佑作为精神寄托，因而渔民敬神风俗极盛⑨。

另外，渔猎文化衍生出的船匠与造船文化也在西山扎根。西山船匠头通常头带破毡帽，腰缠"青龙带"，腰插鲁班斧，身背装有干活家什的箱子，四处游走，寻找东家。他们大多聚居在靠近湖河港汊等村落、集镇的边缘地带（图3-13）或水网地区的荒坡野地，这些地方紧靠水域，便于修造的船只下水，工作时发出的声响也不会影响附近居民的正常生活⑩。

近年来，随着机械化捕捞逐步代替传统捕鱼，西山水产捕捞量也逐年上升（图3-14），并引起了环保等部门的重视。为保护太湖渔业生态环境，相关部门联合设置了综合自然保护区，提倡科学捕捞、规范渔业养

图 3-12　太湖传统鸬鹚捕鱼　　　　　　图 3-13　明月湾古码头停靠的渔船

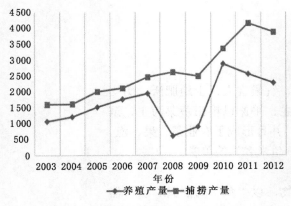
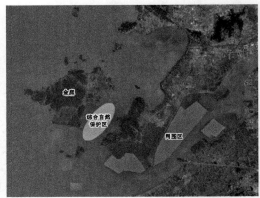

图 3-14　西山渔业养殖和捕捞产量（单位:亩）　　图 3-15　西山周边自然保育和养殖区示意图

殖[11]，并在西山周边设置了禁渔期，以及划定了部分常年限制捕捞区域（图
3-15）。由此太湖传统渔业逐渐走向衰落。

2）鱼米文化

宋人郑彀说过："天下之利，莫大于水田，水田之美，无过于苏州。"
太湖流域地势平坦，土地肥沃，河流遍布，是古时农耕最为发达的地区
之一，有"苏常熟，天下足"之谚。

西山是中国稻作最早的出产地之一。先秦时期，村民已经重视对水
稻品种的选择；唐以后，大量北方人口南移迁入，太湖地区的水稻品种
开始被关注和记录[12]；宋代高宗至孝宗时期，生产技术进一步提升，太
湖地区兴修水利盛行；明代之后，太湖流域地区逐渐形成了以谷物种植
和桑蚕养殖两大部类为主体的农业生产格局[13]。

西山居民利用圩田平原种植水稻由来已久。由于水系众多、地下水
位高等特点，西山滨湖地区低洼处水位常年接近地表，具备稻米种植的

良好环境。在沿湖区域，田地借助地势形成由大圩、小圩、联圩层层套叠的景观风貌（图3-16）。每到秋收季节，滨湖区域万顷良田、金色稻谷随风涌动（图3-17）。

在太湖地区，谷物种植往往还与蚕鱼养殖联系在一起，共同构成了地区的鱼米文化和农业经济基础。乾隆时期《震泽县志》卷二十五《生业》就提到："桑之下……以蚕沙……以沟池之泥田之肥土。"此类使种桑、养鱼构成了良好的生态结构系统，明代以来在太湖地区广泛运用，被称为桑基鱼塘系统[13][13]（图3-18）。

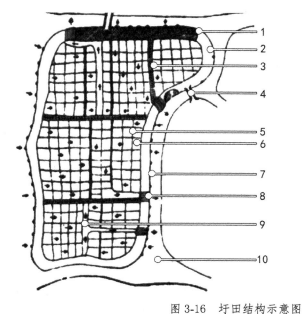

| | |
|---|---|
| 1.房屋 | 2.堤圩（植桑） |
| 3.分水梗 | 4.桥 |
| 5.田埂 | 6.稻田 |
| 7.灌溉点 | 8.排水点 |
| 9.排水渠 | 10.河道 |

图 3-16　圩田结构示意图

图 3-17　1990 年代的西山稻田景象

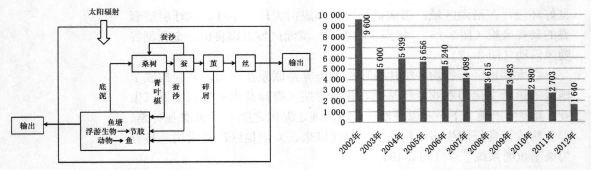

图 3-18　桑基鱼塘系统　　　　　　　图 3-19　西山水稻种植面积（单位：亩）

蚕桑、鱼米劳作也带来了极具地域特色的民俗文化。如每年清明时节，民间艺人常常挑了担子在太湖流域各处串家走户，担子上供放着马明王菩萨[⑭]，到蚕农门前就高喊"蚕将军来像哉！"并手持木鱼、小锣边敲边唱道：

"一只叶船开到洞庭山[⑮]，

一直开到桐乡县。

东山木头西山竹，

山棚搭到满间屋。

小茧做得像鸡蛋，

大茧做得像鹅蛋，

东面丝车鹦鹉叫，

西面丝车凤凰声……"[14]

近十几年来，随着茶叶、果林等经济作物的广泛种植，西山水稻种植面积逐年下滑，2012 年的水稻种植面积只有 2002 年的 1/6 左右（图 3-19）。而在此次西山调研中发现，湖滨的水稻种植区几乎绝迹，经过问询，西山居民口粮基本靠外地供应。至此，鱼米文化中的"鱼"文化在西山仍然延续，而"米"文化已经逐渐衰亡。

3）茶果文化

茶果文化是西山最为重要的农业文化之一。西山山峦绵延、坡度平缓、山泉广布[⑯]，便于茶果种植，山峦中遍布各类果林茶园。

（1）茶文化。苏州太湖洞庭山（东西山）长久以来以碧螺春茶闻名，碧螺春的前身即西山水月坞的水月茶（亦称"小青茶"）[⑰]。西山历来茶树遍布山峦，混植于花果林间，采用种子穴播，不成行不成片，亦不求密度与产量。中华人民共和国成立前，茶树主要种植于罗汉坞、包山坞、葛家坞、樟坞、涵村坞、水月坞等地，品质以包山坞、罗汉坞最好。中华人民共和国成立初期，桑树和柑橘先后大规模增加，茶树面积有所减少。1970 年代起，部分生产大队开办林场，并兴建坞里、涵村、堂里、绮里、南徐等茶场，茶叶产量有所回升（图 3-20）。1990 年代起，因茶叶价格上升、效益见好，茶树种植开始向荒山山腰、山顶发展，管理也日趋精细化。至 1999 年，西山共有茶园 6 000 多亩，年产碧螺春 400 多担，主要集中在中央山体的坡地区域，目前仍保持较为自然的种植形式[12]。

西山茶叶的采摘、制作技艺等茶文化、茶工艺源远流长。2011 年，太湖洞庭山碧螺春制作技艺成为第三批国家级非物质文化遗产⑱，苏州吴中区也已把碧螺春茶的采茶和炒茶技艺作为东西山的中小学综合实践活动带进了课堂。

（2）果文化。果树种植在西山有着悠久的历史，唐白居易曾用诗句"浸月冷波千顷练，苞霜新橘万株金"来歌咏太湖及其橘园，宋苏舜钦则称东西山为"皆树桑枳柑柚为常产"。西山历来盛产柑橘、青梅、杨梅、枇杷、银杏、板栗等花果，其中种植橘树历史最长，可追溯到一千多年前。经粗略统计，目前西山共有近 20 种果树种植，尤其柑橘产量较大，岛上处处皆橘，郁郁葱葱，硕果累累[15]。近年来，西山果品保持持续稳定的产量（表 3-1），其花果栽植不仅是当地经济生活的重要组成部分，而且与茶树混植的坡地茶果林共同构成了其独特的田园风貌。

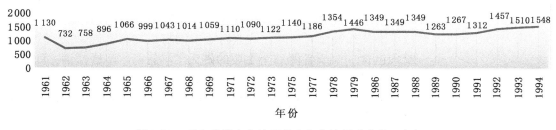

图 3-20　西山碧螺春栽植面积分年统计图（单位：亩）

表 3-1　2003—2012 年西山（金庭镇）水果产量一览表（单位：kg）

| 品种 | 2003 年 | 2004 年 | 2005 年 | 2006 年 | 2007 年 | 2008 年 | 2009 年 | 2010 年 | 2011 年 | 2012 年 |
|------|---------|---------|---------|---------|---------|---------|---------|---------|---------|---------|
| 柑橘 | 4 650 | 4 376 | 4 925 | 4 397 | 5 443 | 4 545 | 5 511 | 4 700 | 5 000 | 5 000 |
| 梅子 | 4 250 | 3 262 | 3 280 | 3 156 | 2 505 | 1 916 | 1 300 | 1 150 | 1 400 | 1 400 |
| 杨梅 | 1 750 | 1 512 | 1 780 | 1 641 | 2 030 | 1 500 | 1 900 | 1 750 | 1 300 | 900 |
| 枇杷 | 400 | 656 | 515 | 773 | 1 106 | 750 | 776 | 785 | 1 400 | 1 150 |
| 桃子 | 600 | 558 | 753 | 725 | 790 | 810 | 900 | 1 000 | 1 150 | 1 300 |
| 葡萄 | 5 | — | — | 75 | 105 | 305 | 303 | 15 | 20 | 400 |
| 总产量 | 11 856 | 10 923 | 11 837 | 11 389 | 12633 | 10601 | 11 576 | 10 378 | 11 485 | 11 220 |

### 3.3.3 信仰文化

聚落地域组织最初是由祭祀圈形成[16]，信仰文化往往是一个地域的基础文化。在我国乡村地区，民间信仰是社会生活方式的重要组成部分，一直以来具有强大的生命力，在国家意识形态笼罩之下存续数千年，并深刻影响传统村落民众生活的各个层面。有学者认为，民间信仰是民众在长期的历史发展过程中自发形成的一套神灵崇拜观念、行为习惯和相应的仪式制度⑲[17]。它广泛存在于民间社会，是人们日常生活的一个组成部分，是民众的精神诉求与表达。西山岛内的信仰文化可主要分为对各家族先祖的宗族信仰，以及妈祖信仰、禹王信仰和五老爷信仰等民间信仰。

1）宗族信仰

宗族组织在传统社会具有极其重要的作用。在自然环境恶劣和生产力低下的古代社会，为了更有力量地与外界沟通和有效防御，族群内部不得不紧密团结，从而形成最初的宗族体系。

西山的氏族多为宋高宗赵构渡江时南迁至西山的北方望族⑳，具有诸多文化特质：其一，同姓聚族而居。西山古村落中大都是聚族而居，《吴县志》称东西山地区"兄弟析烟，亦不远徙，祖宗庐墓，永以为依。故一村之中，同姓者至数十家或数百家，往往以姓名其村巷"，如东西蔡、蒋东村等都是此种命名方式。这些村落中同村住户大多同姓，一个村落里一般只包含一个或者两三个主要的姓氏㉑。其二，广修家谱。西山凡大族家家有谱，修谱风气在清嘉庆、道光年间达到鼎盛㉒，一直持续到抗日战争时期，中华人民共和国成立后中断，"文化大革命"期间家谱大量被销毁、失传㉓。现如今西山少量宗族大户仍有修家谱的风俗。其三，兴修祠堂。祠堂是宗族体制完善、家族经济实力提升的标志，大量祠堂的修建则标志着宗法制度成为管理民间事物的最初一级或者说是最直接一级的"机构"[8]，促使村民各项活动更具有组团性。西山过去大到祖先祭祀、小到处理族中琐事等都围绕祠堂展开。明清时期，以祭祀为主要功能的祠堂成为村落统治中心的象征，普遍形成以祠堂为中心的聚落布局模式，如植里古村形成以金氏宗祠、罗氏宗祠为核心的村落布局（图 3-21）；明月湾古村形成以黄氏宗祠、邓氏祠堂、吴家祠堂等为中心，并沿石板街一字形展开的建筑分布架构，呈现出宗族氛围浓重的宗祠群落景观。

2）妈祖信仰

妈祖是我国东南沿海广泛信仰的海神，又称圣母、天后、天后娘娘、天妃、湄洲娘妈等。在西山，妈祖文化是舶来品，为康熙年间在西山为官的太湖营游击——福建晋江人胡宗明带来，妈祖庙为便于其母拜祭而建㉔。由于相传妈祖能保行船太平、风调雨顺，居住于湖心的西山人特别敬崇妈祖，称之为天妃或天后。

西山祭天妃常设在衙里天妃宫，每年农历三月二十三日（天妃生日），村民集结烧香，盛况空前。此外天妃每年均要"出会"[25]，又称娘娘出会。农历三月衙里的娘娘出会是西山规模及影响最大的庙会[26]，许多远在上海、湖州等地经商的西山人亦特地赶回西山观看或参与出会，据记载旅外同乡筹措的经费往往占到出会总经费的一半以上。西山最近的一次娘娘出会

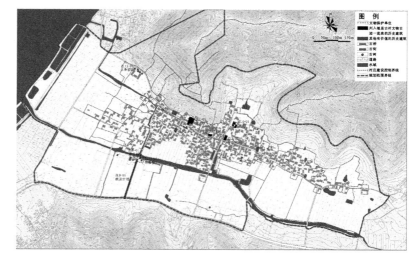

图 3-21　以金氏宗祠、罗氏宗祠为核心的植里古村布局

是在民国三十四年（1945年）举行的，"文化大革命"中庙宇被毁，现今西山庙会的规模与数量已大不如前，庙会、出会逐渐被西山民众所淡忘[12]。近来，同在太湖东山的抬阁庙会已被列入县级非物质文化遗产，而与之一脉相承的西山庙会则有待复兴。

3）禹王信仰

历史上的吴越之地以禹为崇，大禹之庙遍布。相传四千多年前大禹曾在太湖治水，后人为了纪念他的功绩并祈求风调雨顺，在太湖西山建造了4座禹庙。

过去，西山民众祭祀禹王的场地主要有平台山、甪里郑泾港口、消夏湾瓦山三处，每年有正月初八、清明、七月初七、白露四期香会。禹王与渔民的生产活动息息相关，依据旧俗，农历十月冬捕开始，每船应将捕到的第一条鱼献贡到平台山禹王，称为"献头鱼"；农历正月初一至十二，渔民也要再次到禹王庙祭禹王[27]。时至今日，在西山西侧甪里滨湖半岛仍然存有一座禹王庙，为太湖中仅存的一座禹王庙（图3-22）。

4）五老爷信仰

在西山，五老爷是指分管五种行业兴衰的五位神仙弟兄中的老五，五位老爷分别为吃粮大、葡萄二、野鸭三、柿漆四和网船五。在民间，五老

图 3-22　甪里禹王庙远眺

爷又被称为萧天君、金庭福主，由于其掌管渔业，也称之为"网船五"，相传其能保佑渔船平安。五老爷信仰是典型的西山民间信仰。西山渔民尤其崇敬五老爷，除了常规的祭拜活动也定期举办庙会。其中元山的五老爷庙会在太湖渔民中影响较大，通常在农历三月举办，时间为两天，地点在元山屯山五老爷庙（萧天君庙）[28]，一般有草台班子做戏，气氛热闹。

"文化大革命"时期，衙里天妃宫（原址）、元山五老爷庙、平台山禹王庙均被彻底损毁。现今，西山民众对民间信仰仍然保持着虔诚的心境和较高的热情，即使祭拜禹王的主要庙址在岛内角里的禹王庙，但仍有不少民众渡船至平台山岛上的原庙宇遗址上烧香求仙[12]。

### 3.3.4 商业文化

1）"钻天洞庭"

"钻天洞庭"的说法最初来源于明末冯梦龙所著《醒世恒言》，其中提到两山之人，即太湖洞庭东西山商人，因善于货殖、八方四略、去为商贾而被称为"钻天洞庭"[29][18]。洞庭商人在很长一段时间与安徽的徽商、山西的晋商、福建的闽商、广东的粤商相提并论，一并称雄于我国商坛。

西山商业文化有其深厚的地域背景。一方面，西山土特产丰富，是著名的"鱼米之乡""花果之乡"。丰足的土特产为西山人外出经商提供了必要的物质基础。从贩卖本地土特产开始，西山商人逐步发展到经营其他各类商品，亦步亦趋[30]。另一方面，西山地少人多，以太湖东、西洞庭的人口计算，在明清时期人均仅0.5亩田地，必然出现"编民亦苦田少，不得耕耨而食"的局面，迫使大量西山农民弃田以求新的出路，即"不务力田而唯务逐末"。此外，西山商人偏爱抱团，凡在同乡较多的城市，均有西山同乡会或金庭会馆，成员大多为西山同乡商号的从业人员，并且不拘旧规陈见，儒商融合，形成了良好的互助文化氛围。

2）集镇商业

"钻天洞庭"是西山人在外经商活动和文化的体现，集镇商业则是西山岛内商业活动的基本范式。历史上西山水路发达、贸易昌盛，形成了一批靠近水路的商贸集镇。民国以前，西山的商铺主要分布在较大集镇，如镇夏、堂里、元山、前湾、鹿村、东蔡、角里、涵村和植里等地（图3-23）。民国之后，西山商业中心迁至后堡[31]、东河一带。民国十九年至二十六年（1930—1937年）间，锡湖班（无锡—湖州）轮渡在角里停靠（图3-24），至无锡、湖州两地的西山人均到角里上船，促使角里商业极为繁荣，茶馆、鱼肉行、杂货店、药店、理发店、裁缝店等一应俱全。抗日战争爆发后，寇患日重，锡湖班停航，店铺亦大都关闭，角里的集镇商业从此衰败。总的来说，水路繁荣所造就的西山傍水的集镇商业体系，也随着水路被陆路交通的取代而逐步衰弱。

图 3-23　涵村明代店铺　　　　　图 3-24　甪里古石渎嘴港口与停靠的渔船

### 3.3.5　民俗文化

民俗文化是民间民众风俗生活文化的统称，是在普通人民群众的生产生活过程中所形成的一系列非物质精神产物[19]。西山以吴文化为根基，长期以来形成了十番锣鼓、水乡婚俗、挂红绵、发禄袋等一系列独具特色的民俗文化。

1）十番锣鼓

十番锣鼓是"创于京师而盛于江浙"的民间吹打乐种,集板鼓、京鼓、大钹、小钹、大汤锣、小汤锣等七种打击乐器为一体,是当地丰收喜庆、婚嫁迎娶、迎神赛会、节日庙会、宗教仪式等重大风俗活动中不可或缺的节庆仪式。

在西山,十番锣鼓通常是岛内重要节庆活动的序曲,素有"锣鼓响,脚底痒"之说,村民听到堂里等村落的十番锣鼓响起,必会家家响应,庙会也由此开始<sup>32</sup>。每年农历三月,全西山规模最为盛大的"三日头庙会",十番锣鼓必然是第一个出场,至今"正月吃过,二月落过,三月看鼓"的民谣还在西山流传。如今,西山十番锣鼓的代表是秉汇诸家河头以及陈巷的十番锣鼓,其中陈巷十番锣鼓于 2009 年被列入苏州市吴中区县级非物质文化遗产。

2）水乡婚俗

婚俗是民俗中极为重要的内容,西山婚俗体现了水乡生活特点与江南崇文重礼的文化特质。西山婚俗极具特色,从问征、纳彩到举行婚礼均有繁琐而严格的形制与礼仪,较为标准的程序主要包含：①攀亲（定亲）；②请期（择吉日并征求女方同意）；③落桌（男女双方准备酒席）；④祭"床公床婆"；⑤搬行嫁（去女方搬嫁妆）；⑥摆喜筵；⑦接女婿（去女方吃回门酒）；⑧"接新客人"（去男方吃酒）。此外,婚俗中所使用的食品、礼物、器具均有浓郁的江南特色，并在西山当地形成了喜娘、司仪等操办婚礼的职业人员。婚礼的仪式、器物等多采用祥瑞之物的谐音，体现了西山民众祈福求祥、百年好合的愿望。

3）挂红绵、发禄袋

在西山，挂红绵、发禄袋均是吉祥、昌盛、喜庆的象征。红绵一般由丝绵、柏丫、千年芸、竹筷、铜钱组成。红代表"红红火火""鸿运当头"；"绵、柏"代表永久；"芸"代表运气；"竹筷"代表节节高、快活；"铜钱"代表财源滚滚。挂红绵通常表示主人家有喜事，如新房上梁、门庭更换、儿女出生等。

禄袋又称百事吉、利市袋，西山民间悬挂禄袋的习俗流传至今已有近千年的历史。旧时西山，禄袋被视同家族的"户徽"，极其神圣。禄袋通常逢节庆时期发放，一般由松柏枝、万年青叶、竹筷、丝绵、铜钱、棉线等扎制而成。松柏象征长寿、纯洁、坚韧、百劫不灭；万年青象征永远繁荣昌盛；竹筷象征早生贵子、年年向上；丝绵象征子孙万代绵延不绝；铜钱象征财源茂盛、生活富有；棉线象征姻缘美满、合家和睦、生活安定。

### 3.3.6 游赏文化——西山"八景"

"八景"最初来源于文人画，是对一个地区典型自然和文化景观的集称，一般以八项最具地方特色的游憩或观赏性景观组成[20]。"八景"通常以对仗工整的四字命名，或记载于地方志中，或流传于诗词画作中，是一个地域景观精粹的集合，也是当地游赏文化的典型代表。

自唐代起，西山成为闻名海内外的旅游胜地，北宋沈括、明代文徵明、清代凌如焕等文人都留下优美的诗文描绘西山的美景。目前，较为广泛流传的西山"八景"为"甪里梨云""玄阳稻浪""西湖夕照""缥缈晴岚""消夏渔歌""毛公积雪""林屋晚烟"和"石公秋月"（图 3-25，表 3-2）[33]。其中，"西湖夕照""缥缈晴岚""毛公积雪""石公秋月"[34]是以自然景色为主的四组景观，"甪里梨云""玄阳稻浪""消夏渔歌""林屋晚烟"则是四组典型的乡村类文化景观。经过走访和踏查发现，在四组乡村类文化景观中，"甪里梨云"经有关部门和企业共同开发已经在逐步恢复[35]；依托林屋洞景区，"林屋晚烟"传统风貌保持良好；而"玄阳稻浪"和"消夏渔歌"[36]两组文化景观则不复存在。

图 3-25 西山"八景"位置分布示意图

表 3-2　西山"八景"概况表

| 名称 | 位置 | 景观特色 | 相关典故 | 存续与否 |
|------|------|----------|----------|----------|
| 甪里梨云 | 西山岛西部 | 梨花众多，花开如云 | 《山海经》上有："洞庭之山，其木多相梨。"㊲清末遗民郑伯曾作诗："甪里梨花密似云，佳名传自宋始君。" | 是 |
| 玄阳稻浪 | 西山岛东北平原 | 古时为西山最大的稻田平原，水稻成熟时，层叠的稻穗与太湖水浪遥相呼应 | 清代徐炎游览后作诗《玄阳稻浪》："危石厅礓挂薜萝，玄阳洞口白云多。秋来田野风初动，一望平畴翻绿波。" | 否 |
| 西湖夕照 | 缥缈峰北面山岭，陈巷西湖寺周边 | 缥缈峰北部山岭的西湖寺，每当日落，余晖映照 | 唐代诗人作诗《游小洞庭》："湖山上头别有湖，芰荷香气占仙都。夜含星斗分乾象，晓映雷云作画图。风动绿蘋天上浪，鸟栖寒照月中乌。若非神物多灵迹，争得长年冬不枯。" | 遗址存留 |
| 缥缈晴岚 | 西山岛中部缥缈峰 | 为太湖七十二峰之首，常隐现于云雾之中，故称"缥缈晴岚" | 峰巅有一形状似鹰嘴之巨石，镌有近代名人李根源所书"缥缈峰"三字 | 是 |
| 消夏渔歌 | 西山岛南端，北倚缥缈峰，南临太湖 | 旧时西山最大的湖湾，大片种植莲藕等作物，因采摘季节渔船遍布而得名 | 吴越春秋时吴王携西施消夏避暑而得名 | 否 |
| 毛公积雪 | 西山岛缥缈峰东侧的毛公坞 | 严冬降雪后，毛公坞的山势背阴，积雪多、融雪晚而形成的特殊景象 | 西汉朝道士刘根法号"毛公"，曾在此筑坛炼丹而得名，后由清人易顺鼎篆书"毛公石坛"四个大字 | 是 |
| 林屋晚烟 | 西山岛林屋山附近 | 傍晚林屋村家家户户炊烟如玉带缭绕 | 清末遗民沈水易以《林屋晚烟》为题作诗一首，其中"烟迷洞口斜阳暮"描绘了西山湖岛世外桃源、田园牧歌式的生活 | 是 |
| 石公秋月 | 西山岛东南角上的石公山 | 西山秋季晴多阴少，夜晚石公山上视野较为开阔并临近水面，可以仰望明月及明月投射于水中的倒影 | 北宋著名的文学家范仲淹在《苏州十咏》中，有一《太湖》诗云"有浪即山高，无风还练静。秋宵谁与期，月华三万顷"，描写了石公秋月的美景 | 是 |

"八景"是西山地域文化景观中的重要象征和典型代表，恢复西山地域文化景观的完整性与整体格局需要对西山"八景"进行深入的回溯、考证和恢复。

## 3.4　系统存续"源"的辨识与补缀

"源"的辨识与补缀是传统乡村地域文化景观系统存续"源汇"格局的基础性环节。通过研判西山人居、劳作、信仰、商业、民俗、游赏等地域文化与各类系统存续"源"空间的耦合关系（图 3-26），归纳重点保护的生态性景观"源"、生产性景观"源"、生活性景观"源"和信仰性

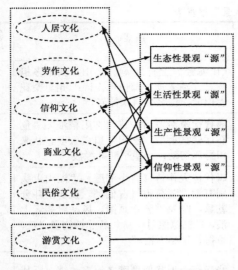

图 3-26 西山地域文化景观"源"的耦
合关系示意图

景观"源"四大源地类型。对"高价值、尚留存"的源地采用保护和修复策略;对"高价值、已缺失"的源地采用补缀与复兴的手段,以构建完整的景观系统存续源地体系。

### 3.4.1 生态性景观源地

西山湖水滔滔、群岛错立、山水萦抱、景物清幽,优越的自然山水环境孕育了西山众多传统村落,是西山生活生产等文化景观孕育的必要基底。生态性景观源地是西山山水、生态保护的重点区域,依照相关研究经验,对源地的辨识可着眼于水土保持、生物多样性保护两个方面[21-22]。

1)水土保持源地

水土保持源地是西山植被覆盖度相对较低、坡度较大的用地范围。水土保持源地的保护与安全十分必要,若是局部环境变化催生水土流失,引发土地塌陷、山体滑坡,会损毁周边的文化景观,也会对居民形成人身安全和财产安全的危险(图 3-27)。本书参考相关文献,根据所获得的数据,结合西山的实际情况,将西山坡度分为≤2°、2°—6°、6°—15°、15°—25°、> 25°五个等级;使用地理信息系统软件(ArcGIS 9.3)中的重分类工具,采用自然断点法(Natural Break)将植被覆盖度分成 −0.210 304、−0.099 151、−0.000 348、0.098 455、0.201 374、0.300 177、0.390 746、0.468 965,计 8 个断点 9 个等级。根据西山实地调研情况,利用 ArcGIS 9.3 的栅格计算工具,将坡度大于 15°和植被覆盖度小于 0.300 17 重合栅格作为水土保持源地。

从水土保持源地的分布图(图 3-28)可以看出,西山整体植被覆盖度较高、裸地较少,源地主要大范围分布在东北区域原采石场周边;西部、

图 3-27 西山采石遗留的"荒山"

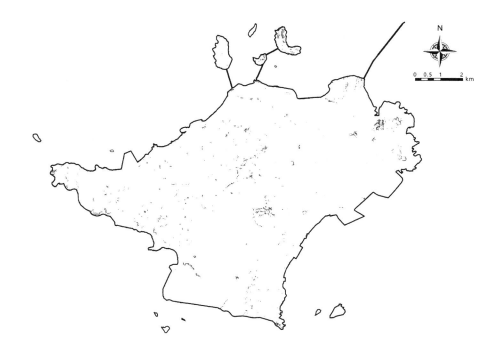

图 3-28　西山水土保持源地分布图

南部部分山体区域则为点状分布。

2）生物多样性保护源地

西山以缥缈峰为制高点，向四周延伸绵亘四十余峰，峰断脉连，形成了以山体为骨架的整体风貌。经实地踏查，西山的动植物主要集中在中部山峦地区，围绕西山国家森林公园分布，具体集中地包括缥缈峰、东湖山、回龙山、潜龙山、笠帽顶、凉帽顶、水月坞等处；此外，北部扇子山、豹虎顶和渡渚山，西部平龙山和南部潜龙山植被覆盖度高、丰富度大，也是众多动物的聚集地和生物多样性较高的区域。因此选择这些地区作为西山生物多样性保护源地（图 3-29、图 3-30）。

### 3.4.2　生产性景观源地

我国自给自足的农业生产模式形成了以家庭为单位的小农经济、厚生利用的可持续发展观和精耕细作的农耕体系[23]。西山生产性景观主要为以传统生产方式为主导的土地利用类型，可分为茶果农业、湿地农业及稻田农业三个源地类别。

1）茶果农业景观源地

茶果农业景观源地是传统茶果农业种植的重点分布区域。长期以来，

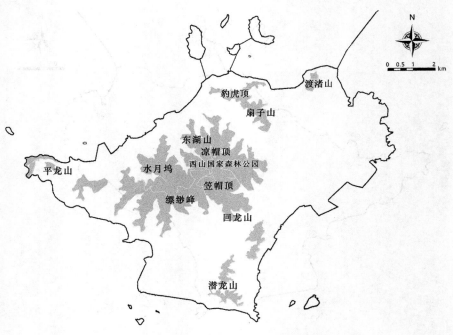

图 3-29  西山主要山体分布现状图

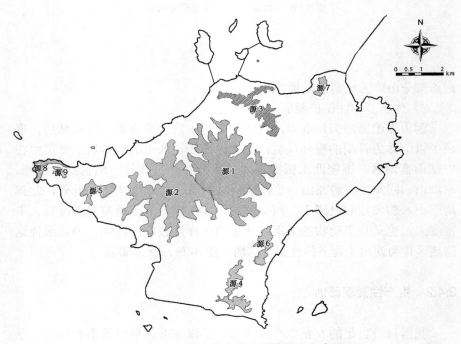

图 3-30  西山生物多样性保护源地分布图

山峦就为西山果树栽培的广泛分布地带，并以茶果混植的面貌呈现（图
3-31）。此外还有一部分果树茶园分布在村落周边作为经济作物和风水林。
如西山东村，风水林地位于村落北、西、南方向，三面环绕，种植有茶树、

图 3-31 分布于西山山腰的茶果混植

图 3-32 东村的风水林分布

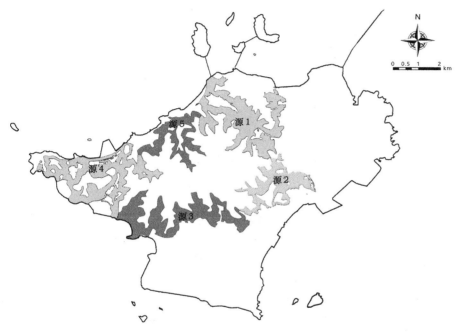

图 3-33 茶果农业景观源地分布图

柑橘、银杏、板栗等作物[24]（图 3-32）。

经过卫星地图和实地踏查互释的图像采集方式，辨识出茶果农业景观面积较大且相对集中的五块生产性景观源地（图 3-33），主要围绕在西山中部山峦地带，包含山腰、山脚部分缓坡地以及村落周边的主要风水林。

2）湿地农业景观源地

西山水系众多，湿地农业是其生产性景观不可或缺的组成部分。经调研，西山的鱼塘、荷塘等湿地农业主要分布在滨湖沿岸地势低洼区域，以原荒废或冲毁的圩田地带为主，现呈现出"圩塘"面貌。经筛选，本书辨识出 11 个面积较大、传统性较强的湿地农业景观源地。

此外，作为西山"八景"之一的"消夏渔歌"片区——消夏湾，现今北部区域已淤塞，并被作为现代化果林种植。按史籍记载，消夏湾

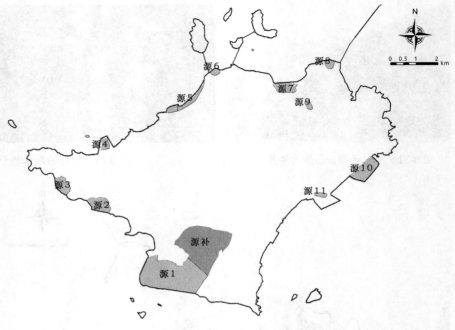

图 3-34　湿地农业景观源地分布图

原为菱、藕的重要生产地[38]，其湿地植物景观是西山乃至太湖的标志性的而如今较为缺乏的农业景观类型。因此拟恢复消夏湾北部区域为农业湿地景观（源补），并作为重要湿地农业景观补缀源地（图3-34）。

3）稻田农业景观源地

旧时，湖湾地带是西山水稻的重要栽培区，主要种植水稻、油菜等作物类型。经实地踏查，西山现今已无大面积的稻田、油菜等耕地类型，居民口粮主要依靠外地输送。

"玄阳稻浪"是已经消逝的西山"八景"之一和稻田农业类型，修复"玄阳稻浪"景观有利于恢复地域文化景观面貌和农业景观系统的完整性。经考证，"玄湖稻浪"原址位于西山岛东北部最大的平原地区（上文表3-2提及位置），现今被镇区扩张所侵占，在原址上恢复难度较大。因此选取腹地较大、地势平坦和靠近原址的战备圩及周边片区作为稻田农业景观源地的补缀与复兴区域（图3-35）。

### 3.4.3　生活性景观源地

生活性景观源地是西山传统居住空间的集聚地，主要由传统聚落等建筑空间所构成。依托周边自然、社会资源的配置和分布特点，传统村落的平面布局、街巷空间和建筑分布形式亦有所不同，使生活性景观空间格局呈现出相异的结构特征[25]。以"源汇"理论视角来看，在生活性

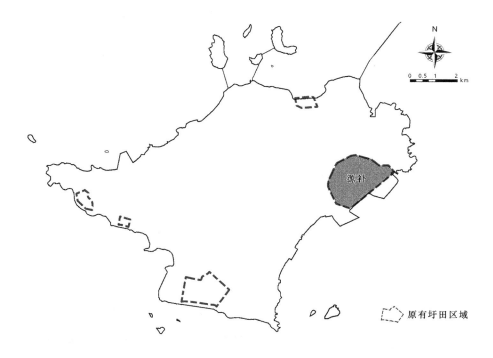

图 3-35　稻田农业景观源地分布图

景观源地判别过程中，一个聚落是否为景观源地并不完全由其聚落、建筑的遗产价值和历史风貌所决定，更重要的是判断其景观的"可生长性"和"活态性"以及景观过程的延续性。

1）"山坞—湖湾"生活景观源地

西山传统生活性景观空间大多分布在山坞与湖湾腹地（表3-3），主要有"山坞""湖湾""山坞湖湾混合式"三种布局形态[9]。按照此类型将西山传统村落等生活性景观空间进行分类，可将其划分为"山坞""湖湾""山坞湖湾混合式"景观源地（图3-36）。

表 3-3　西山主要传统村落与附近山坞、湖湾分布一览表

| 传统村落名称 | 传统村落附近的山名、坞名 | 山坞朝向 | 传统村落所处的湖湾名 |
| --- | --- | --- | --- |
| 堂里 | 缥缈峰、西湖山，水月坞 | 北 | — |
| 植里 | 豹虎顶，山涧谷底地 | 南 | — |
| 后埠 | 圣姑山、禹期峰 | 北 | 后埠湾 |
| 东西蔡 | 缥缈峰，北邙坞、倪家坞等 | 南 | 消夏湾（现已淤塞） |
| 东村 | 栖贤山、贝锦峰，栖贤坞 | 北 | |
| 角里 | 平龙山、牛肠山，茅坞 | 南 | 角湾 |
| 明月湾 | 南湾山、潜龙岭 | 南 | 明月湾（大明湾、小明湾） |

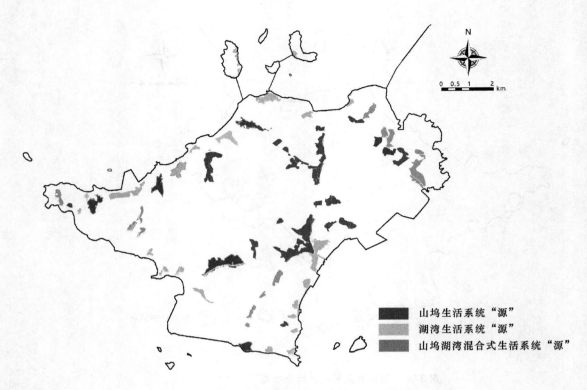

图 3-36 "山坞—湖湾"生活景观源地分布图

图例:
- 山坞生活系统"源"
- 湖湾生活系统"源"
- 山坞湖湾混合式生活系统"源"

### 2）重点生活景观源地

西山传统村落既是生活性景观空间，又是历史文化古迹、非物质文化遗产的根植地。考虑人口吸引力、旅游环境等因素的综合影响，文化遗产相对聚集的历史村落相对具有较高的保护等级和较强的潜在扩张能力；一般性传统村落人口外流相对较多，扩张的动力和强度则较为有限[39]。鉴于此，本书拟按照村落的保护等级来确定生活性景观源地的扩张强度。

根据传统村落被各类名录的收录情况来确定其保护和扩张强度：①将被中国历史文化名村和江苏省历史文化名村同时收录的明月湾作为最高的保护和扩张强度；②将被中国传统村落名录和江苏省历史文化名村收录的东村作为次高的保护和扩张强度；③将被中国传统村落名录和苏州市控制保护古村落收录的衙甪里、东蔡、植里、后埠和堂里赋予中等保护和扩张强度；④将被苏州市控制保护古村落收录的甪里、东西蔡（西蔡部分）赋予次低等级的保护和扩张强度；⑤将其他山坞和湖湾传统村落作为低等级保护和扩张强度（表 3-4，图 3-37）。

表 3-4　生活性景观源地扩张强度赋值表

| "源"名称 | 传统村落 | 入选名录 | 强度赋值 |
|---|---|---|---|
| 源 1 | 明月湾 | 中国历史文化名村、<br>江苏省历史文化名村 | 5 |
| 源 2 | 东村 | 中国传统村落名录、<br>江苏省历史文化名村 | 4 |
| 源 3、源 4、源 5、<br>源 6、源 7 | 植里、后埠、衙甪里、堂里、<br>东蔡 | 中国传统村落名录、<br>苏州市控制保护古村落 | 3 |
| 源 8、源 9 | 东西蔡（西蔡部分）、甪里 | 苏州市控制保护古村落 | 2 |
| 其他传统村落源 | 见图 3-35 | — | 1 |

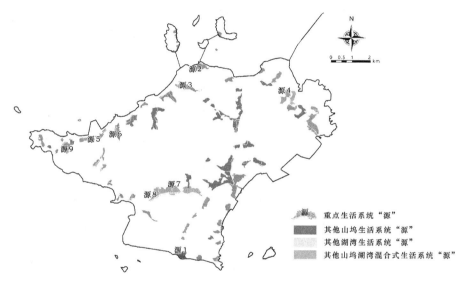

图 3-37　西山生活景观源地分布图

### 3.4.4　信仰性景观源地

信仰性景观源地是西山家族记忆与民间信仰的集中体现，其空间类型包括祠堂、庙庵以及临时搭建的宗教场所等。

西山民众信仰主要可分为宗教信仰和宗族信仰两方面。民间宗教信仰主要有禹王、天妃和五老爷等信仰类型（见本章第 3.3.3 节），庙舍是其重要的祭拜和庙会承载场所，也是众多神仙"出会"的起点，因此庙庵被认为是关键的信仰性景观源地。此外，西山的宗族信仰空间主要分布在各个古村落的宗祠、家庙等空间内，通常与居住空间混杂交织，所以将其包含在生活性景观源地中，在信仰性源地上不作体现。因此，本书对西山信仰性景观源地的辨识主要为宗教信仰景观源地。

西山信仰性景观源地的辨识不仅是对现存庙庵的空间识别，更应对各类信仰空间的原真性与系统完整性加以探知。自古以来西山庙宇众多，在民间有"三庵十八寺"的说法[40]，识别"三庵十八寺"是确定信仰性景观源地的基础。经考证，"三庵"分别为甪庵[41]、草庵[42]、柴庵（元山）；"十八寺"分别为法华寺、实际寺、文化寺、天王寺、侯王寺、东湖寺、西湖寺、上方寺、下方寺、花山寺、罗汉寺、包山寺、水月寺、石佛寺、资庆寺、福源寺、报忠寺和长寿寺（图3-38，表3-5）。为了熟记这十八座寺名，西山居民编了一句顺口溜：法际文双王，东西上下方，花罗包水石，资福报忠长，可见这十八座寺在西山民众心中的地位。

按照优先保护地域文化和民间信仰的原则，将上文（第3.3.3节）提到的西山三个关键信仰性景观载体——禹王庙、天妃宫和五老爷庙作为最高保护强度赋值；将"三庵十八寺"作为次等级保护源地，其中柴庵、草庵、侯王寺、报忠寺、文化寺、福源寺、上方寺、下方寺、长寿寺、东湖寺、西湖寺、天王寺等寺庙已经损毁，为补缀和修复信仰空间。需要说明的是，拟补缀的信仰性景观源地均是通过在原遗址地重建的方式

图3-38 西山宗教信仰场所分布图

表3-5 西山"三庵十八寺"情况表

| 类别 | 内容 | 备注 |
|---|---|---|
| 三庵 | 甪庵、草庵、柴庵 | 经考证：草庵、柴庵已损毁 |
| 十八寺 | 法华寺、实际寺、文化寺、天王寺、侯王寺、东湖寺、西湖寺、上方寺、下方寺、花山寺、罗汉寺、包山寺、水月寺、石佛寺、资庆寺、福源寺、报忠寺、长寿寺 | 经考证：法华寺（位置有待考证）、文化寺、天王寺、侯王寺、东湖寺、西湖寺、上方寺、下方寺、福源寺、报忠寺、长寿寺已损毁 |

修复，这是因为西山民众有在寺庙原址上重建庙舍的习俗。据实地调研访谈，原住民普遍认为原有寺庙的位置为"风水宝地"所在，求神祈福比较"灵验"。另外，"三庵十八寺"中法华寺的位置有待考证，在研究中暂不纳入源地范围（表3-6，图3-39）。

值得说明的是，西山补缀、修复的信仰性景观空间源地数量超过10个，宗教场所密度高于其他一般村镇。究其原因，是因为西山深厚的历史宗教氛围所决定，以及在"文化大革命"时期被损毁了大量的庙宇。近年来西山民众陆续在原庙址上自发搭建简庙和临时的祭拜场地，从侧面反映当地民众对宗教信仰需求的意愿十分强烈。

表3-6　西山宗教信仰空间系统源的拟保护强度表

| 源地类型 | 源地名称 | 内容 | 强度赋值 |
|---|---|---|---|
| 关键地域性信仰源地 | 源1、源2、源补1 | 禹王庙、天妃宫、五老爷庙 | 5 |
| 重要历史信仰源地 | 源3、源4、源5、源6、源7、源8、源9、源10、源补2、源补3、源补4、源补5、源补6、源补7、源补8、源补9、源补10、源补11、源补12、源补13 | 用庵、水月寺、包山寺、罗汉寺、实际寺、观音寺、资庆寺、石佛寺、文化寺、东湖寺、天王寺、福源寺、草庵、上方寺、下方寺、柴庵、报忠寺、侯王寺、长寿寺、西湖寺 | 3 |
| 一般性信仰源地 | 源11、源12、源13 | 明月寺、圣堂寺、古樟寺 | 1 |

图3-39　宗教信仰景观源地分级分布图

## 3.5 阻力"汇"评价指标体系构建

### 3.5.1 评价指标体系

不同类型的扩张"源",其所受到"汇"的类型、阻力强度等也随之不同。本书分别基于西山的生物多样性保护、水土保持、生活性景观、生产性景观和信仰性景观五个保护源地进行相应"汇"的赋值与计算,构建文化景观系统存续"源汇"格局。

1)生态景观系统存续

基于"源"类型,生态景观系统存续阻力"汇"的评价可分为相应的生物多样性保护与水土保持两个指标体系。

(1)生物多样性保护阻力"汇"。植被是陆地生态系统的主要组成部分,是生态系统变化的指示器[26],相关研究通常认为区域"植被覆盖度"是影响该地区生物多样性的重要因素[27]。人类活动对野生动物的生存和迁徙有着直接的影响,对生态系统的重要危害之一是使其破碎化[28],因此将"土地利用类型"和"到道路的距离"作为影响生物多样性保护的重要因素。最终选取"植被覆盖度""土地利用类型""到道路的距离"作为生物多样性保护的"汇"指标。

(2)水土保持阻力"汇"。根据相关研究,"坡度""植被覆盖度""土地利用类型"均是影响水土保持的关键因素和阻力因子,因此选取此三项作为水土保持的阻力"汇"评价指标[21-22]。

2)人文景观系统存续

与生态景观相比,生活性景观、生产性景观和信仰性景观等人文景观的生长不仅受到自然环境的约束,也受到社会、经济、群体爱好等文化因素的影响。如传统村镇通常偏向于选择森林、河流、湖泊等自然景观丰富之地,其生长方向还与其可达性、交通性有很重要的关系。此外随着坡度的增大,传统景观在扩张难度上逐步提高。因此,最终选取"植被覆盖度""坡度""土地利用类型""到道路的距离"作为人文景观源地扩张的"汇"评价指标(表3-7)。

表 3-7　生态/人文景观系统存续阻力"汇"评价指标体系表

| 目标层 | 评价指标体系 | | | | | | | | | | | | | | | | | |
|---|---|---|---|---|---|---|---|---|---|---|---|---|---|---|---|---|---|---|
| 项目层 | 生态景观系统存续（E） | | | | | | 人文景观系统存续（C） | | | | | | | | | | | |
| 权重 | 0.534 7 | | | | | | 0.465 3 | | | | | | | | | | | |
| 因素层 | 基于生物多样性保护（E1） | | | 基于水土保持（E2） | | | 基于传统生活系统保护（C1） | | | | 基于传统生产系统保护（C2） | | | | 基于传统信仰系统保护（C3） | | | |
| 权重 | 0.433 6 | | | 0.101 1 | | | 0.061 2 | | | | 0.237 1 | | | | 0.167 0 | | | |
| 指标层 | E1-1 | E1-2 | E1-3 | E2-1 | E2-2 | E2-3 | C1-1 | C1-2 | C1-3 | C1-4 | C2-1 | C2-2 | C2-3 | C2-4 | C3-1 | C3-2 | C3-3 | C3-4 |
| | 植被覆盖度 | 土地利用类型 | 到道路的距离 | 植被覆盖度 | 土地利用类型 | 坡度 | 植被覆盖度 | 土地利用类型 | 坡度 | 到道路的距离 | 植被覆盖度 | 土地利用类型 | 坡度 | 到道路的距离 | 植被覆盖度 | 土地利用类型 | 坡度 | 到道路的距离 |

## 3.5.2 "汇"评价指标获取途径

根据上文所筛选的"汇"评价指标,按照真实、实用、有效的获取原则,利用相关软件、工具采集、获取相对应的指标(表3-8)。

1)土地利用类型

土地利用/土地覆被变化(LUCC)是人类活动与自然环境相互作用的直接结果[43][29]。由于文化景观的复杂性,本书的土地利用类型数据采集采用卫星、测绘等影像和实地踏查互释的方式,以获取更为准确和适用的图像。

图像资料包括:将从谷歌地球专业版(Google Earth Pro)地理信息应用平台获取的西山2016年的影像图(图3-40)作为基础资料,分辨率为10 m,影像数据接收时间选择位于5—10月并且云量少于10%的时段;其他辅助图件及文字资料包括金庭镇1:50 000土地利用现状图、西山计算机辅助设计(CAD)测绘图(2007年)(图3-41)、金庭镇土地利

表3-8 "汇"评价指标获取途径

| "汇"评价指标 | 指标获取途径 |
|---|---|
| 土地利用类型 | 基于卫星影像、矢量测绘图和实地踏查互释的方式得到13类土地利用类型 |
| 植被覆盖度 | 遥感影像(Landsat TM8),采用地理信息系统软件(ArcGIS 9.3)工具箱(ArcToolbox)中的自然断点法(Natural Break) |
| 坡度 | 基于数字高程模型(Digital Elevation Model,DEM),采用地理信息系统软件(ArcGIS 9.3)工具箱(ArcToolbox)中的表面分析(Surface Analysis)工具派生获得。研究区DEM数据通过地理空间数据云网站(http://www.gscloud.cn/)获取 |
| 到道路的距离 | 利用地理信息系统软件(ArcGIS 9.3)工具箱(ArcToolbox)中的距离(Distance)工具计算获得 |

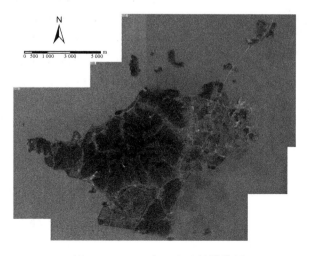

图3-40 2016年西山卫星影像图

图3-41 2007年西山CAD测绘图

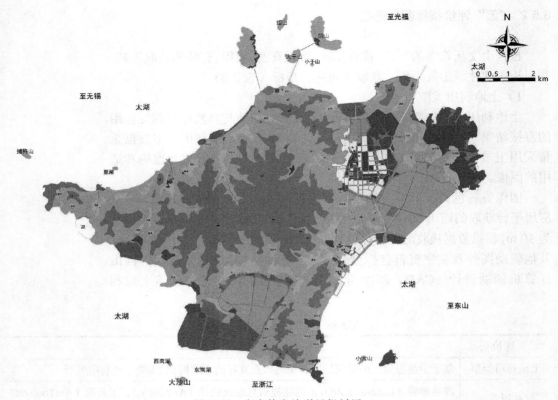

图 3-42　金庭镇土地利用规划图

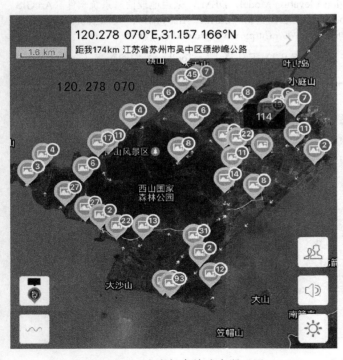

图 3-43　西山现场实地踏查调研图

用规划图（图3-42）以及西山实地踏查的图像和照片记录等（图3-43）。

基于相关学者对传统乡村地域文化景观的解读和用地类型的研究[30-31]，将西山生态/人文景观空间划分为生活空间、生产空间、生态空间和连接空间4种景观空间类型，并进一步划分至13个子类别（表3-9）。需要说明的是，西山有部分区域为村民自种的菜地等耕地类型，往往与现代果林及居住空间交杂，面积较小、形状琐碎，因此在本书镇域空间尺度下不将其纳入用地类型。在图像处理上，通过图像初步叠合和处理软件（AutoCAD）、数据转换软件（FME Workbench）以

表 3-9　西山景观分类表

| 类别 | 子类别 |
|---|---|
| 生活空间（R） | 传统聚落或建筑（R1） |
| | 非传统聚落或建筑（R2） |
| | 现代商业用地（R3） |
| | 传统村镇公共空间（R4） |
| | 现代公共空间（R5） |
| 生产空间（P） | 传统果林（P1） |
| | 现代果林（P2） |
| | 鱼塘和水塘（P3） |
| 生态空间（E） | 草地（E1） |
| | 林地（E2） |
| | 河道水系（E3） |
| 连接空间（C） | 传统道路（C1） |
| | 现代道路（C2） |

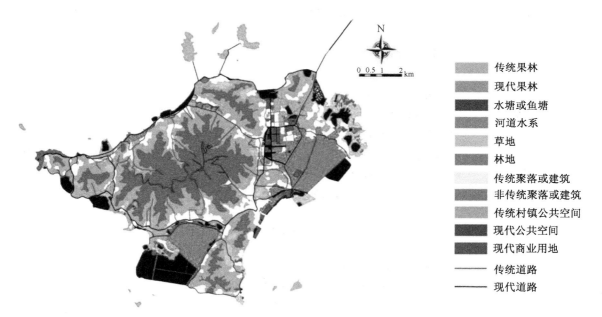

图 3-44　西山景观分类图

及地理信息系统软件（ArcGIS 9.3）解译的方法[44]，最终获得西山景观分类图（图 3-44）。

2）植被覆盖度

利用归一化植被指数（Normalized Difference Vegetation Index，NDVI）反映研究区的植被覆盖状况。归一化植被指数基于研究区遥感影像（Landsat TM8）（成像日期：2016 年 8 月 9 日）通过如下计算公式获得：

$$NDVI=（NIR-R）/（NIR+R）$$

其中，*NIR* 为近红外波段的反射值；*R* 为红光波段的反射值。*NDVI* 数据进一步利用地理信息系统软件（ArcGIS 9.3）工具箱（ArcToolbox）中的重新分类（Reclassify）工具划分为九个等级，划分方法选择自然断点法。

3）坡度

研究区坡度数据基于数字高程模型（Digital Elevation Model，DEM），通过地理信息系统软件（ArcGIS 9.3）工具箱（ArcToolbox）中的表面分析（Surface Analysis）工具派生获得；研究区 DEM 数据通过地理空间数据云网站（http://www.gscloud.cn/）获取，数据的空间分辨率为 30 m×30 m。

4）到道路的距离

研究区各点到道路的距离数据利用地理信息系统软件（ArcGIS 9.3）工具箱（ArcToolbox）中的距离（Distance）工具计算获得；道路数据从本书解译获得的研究区土地利用/覆盖数据中提取。

## 3.6 "源汇"格局计算及分析

### 3.6.1 模拟途径

最小累计阻力模型（Minimum Cumulative Resistance，MCR）是计算从"源"经过不同阻力的景观所耗费的费用或者克服阻力所做的功[32]。该模型广泛应用于土地资源空间格局生态优化[33]、城镇土地空间重构[34]等方面，根据纳盆（Knaapen）等[32]的模型和地理信息系统中常用的费用距离（Cost-Distance）修改而来，主要考虑源地、距离和阻力基面三个方面的因素，其基本公式如下：

$$MCR = f_{\min} \sum_{j=n}^{i=m} D_{ij} \times R_i$$

其中，*f* 是一个未知的正函数，反映空间中任一点的最小阻力与其到所有源地的距离和阻力基面特征的相对关系[35]；$D_{ij}$ 是某一质点从源 *j* 到空间某一点所穿越的某景观基面 *i* 的空间距离；$R_i$ 是景观 *i* 对该质点运动的阻力系数。虽然通常函数 *f* 是未知的，但 $D_{ij} \times R_i$ 的累加值可以视为景观源地到空间某一点的某一路径的相对易达性衡量指标。最小累计阻力模型可以用来反映生态/人文景观"源汇"的潜在过程及趋势。在本书中，该模型的演算通过地理信息系统软件（ArcGIS 9.3）中的费用加权（Cost-Weighted）工具实现。需要说明的是，西山附属岛屿众多，在格局模拟过程中特意只将与西山主岛有陆路相连的横山、大干山和阴山三岛纳入研究范围内。

### 3.6.2 生态景观存续"源汇"格局建构

1）阻力系数与权重赋值

生态景观存续的"源汇"格局包含水土保持、生物多样性保护两个子格局类别。不同类别的"源汇"过程，重要性亦有所不同。根据专家调查问卷，运用层次分析法（Analytic Hierarchy Process，AHP）确定各个子"源汇"格局的权重。基于水土保持和生物多样性保护的权重见表3-10。此权重基于前表3-7，并将"水土保持"（$w$ =0.101 1）和"生物多样性保护"（$w$ =0.433 6）两项的权重按比例调整，使权重之和为1。

（1）水土保持

通过上文［第3.5.1节第1点］确定的坡度、植被覆盖度、土地利用类型作为阻力因子，构建水土保持"源汇"格局。首先按照西山的实际状况，将坡度分为≤2°、2°—6°、6°—15°、15°—25°、> 25°五个等级，将植被覆盖度分成 −0.210 304、−0.099 151、−0.000 348、0.098 455、0.201 374、0.300 177、0.390 746、0.468 965，共计8个断点9个等级；根据坡度越大、植被覆盖度越低、越容易发生水土流失的原则对坡度和植被覆盖度进行阻力系数的赋值；土地利用类型的阻力赋值参照相关研究[22]；坡度、植被覆盖度和土地利用类型的阻力系数和权重赋值如表3-11所示，进行栅格计算。此外在MCR模型中，阻力系数仅仅表示相对阻力大小，并非阻力的实际数值（下同）。

（2）生物多样性保护

根据相关研究，生物多样性保护通常受到植被覆盖度、土地利用类型、到道路的距离、坡度等因素影响。植被覆盖度越高的区域，保护阻力越小；越靠近道路，尤其是大型城镇道路保护阻力越大；土地利用类型方面的阻力系数赋值参照相关研究[22]。本部分基于此种特征对土地利用类型、与道路的距离、植被覆盖度进行阻力系数的赋值（表3-11）。

值得说明的是，尽管阻力系数的赋值在绝对值上有待探讨，但是赋值在很大程度上能体现不同景观类型对生态／人文景观源地扩张的相对阻力大小，强调的是不同景观类型对源地扩张的不同影响即阻力系数之间的对比。因此，在正确描述不同景观类型对源地扩张的不同影响的前提下，模型中对阻力系数的设定在景观过程趋势基本正确的前提下即可满足分析的要求。

表3-10 生态景观存续"源汇"格局权重

| "源汇"格局类别 | 子类别 | 权重（$w$） |
|---|---|---|
| 生态性景观存续 | 基于水土保持 | 0.189 1 |
| | 基于生物多样性保护 | 0.810 9 |

表 3-11　生态景观存续"汇"阻力面赋值及权重

| 阻力面 / 影响因素 | 子分类 | 生态景观存续 | | | |
| | | 基于水土保持 | | 基于生物多样性保护 | |
| | | 阻力系数 | 权重（w） | 阻力系数 | 权重（w） |
| 土地利用类型 | 传统果林 | 8 | 0.076 1 | 3 | 0.205 0 |
| | 现代果林 | 7 | | 4 | |
| | 水塘或鱼塘 | 7 | | 3 | |
| | 河道水系 | 8 | | 2 | |
| | 草地 | 5 | | 4 | |
| | 林地 | 9 | | 1 | |
| | 传统聚落或建筑 | 3 | | 8 | |
| | 非传统聚落或建筑 | 3 | | 8 | |
| | 传统公共空间 | 1 | | 5 | |
| | 现代公共空间 | 3 | | 7 | |
| | 现代商业用地 | 3 | | 9 | |
| | 传统道路 | 2 | | 5 | |
| | 现代道路 | 3 | | 6 | |
| 植被覆盖度 | > 0.468 965 | 9 | 0.255 0 | 1 | 0.721 7 |
| | 0.390 746—0.468 965 | 8 | | 2 | |
| | 0.300 177—0.390 746 | 7 | | 3 | |
| | 0.201 374—0.300 177 | 6 | | 4 | |
| | 0.098 455—0.201 374 | 5 | | 5 | |
| | −0.000 348—0.098 455 | 4 | | 6 | |
| | −0.099 151—−0.000 348 | 3 | | 7 | |
| | −0.210 304—−0.099 151 | 2 | | 8 | |
| | ≤ −0.210304 | 1 | | 9 | |
| 坡度（°） | ≤ 2 | 9 | 0.668 9 | — | — |
| | 2—6 | 7 | | — | |
| | 6—15 | 5 | | — | |
| | 15—25 | 3 | | — | |
| | > 25 | 1 | | — | |
| 到道路的距离（m） | 城镇道路 ≤ 30 | — | — | 9 | — |
| | 30—60 | — | | 7 | |
| | 60—90 | — | | 5 | |
| | 90—120 | — | | 3 | |
| | > 120 | — | | 1 | |
| | 村镇道路 ≤ 30 | — | — | 5 | 0.073 3 |
| | 30—60 | — | | 4 | |
| | 60—90 | — | | 3 | |
| | 90—120 | — | | 2 | |
| | > 120 | — | | 1 | |

2）水土保持"源汇"格局

经过模型计算，水土保持"源汇"格局的高累计阻力区域主要分布在东北镇区周边及南部湿地区域；由于水土保持源地的散点分布特征，低阻力区域呈现广泛分布的点状布局。尤其是东北原采石场区域植被覆盖度小、坡度大、裸岩化和砾石化程度大的低阻力地区非常容易发生水土流失（图3-45）。

3）生物多样性保护"源汇"格局

在生物多样性保护"源汇"格局方面，累计阻力水平最低区域主要分布在中部西山国家森林公园连绵山体区域和南部石公山、西部平龙山等地区，此类区域植被覆盖度高、交通条件较弱，但是植物分布集中、生态环境优越、生物资源量丰富、适宜动植物生存繁衍；中等累计阻力区域分布在低阻力区域外围，包含大量的村镇用地和现代化农业用地，其布局会对生物活动造成一定的影响，进而影响生物多样性；累计阻力高区域主要位于西山西北部原采石场密集区，现已荒废，主要为废旧厂房，植被覆盖度低，离西山主要生物多样性保护源地较远，生物多样性存续等级最低（图3-45）。

4）生态景观存续"源汇"格局

将水土保持、生物多样性保护格局按权重叠合后得到生态景观存续

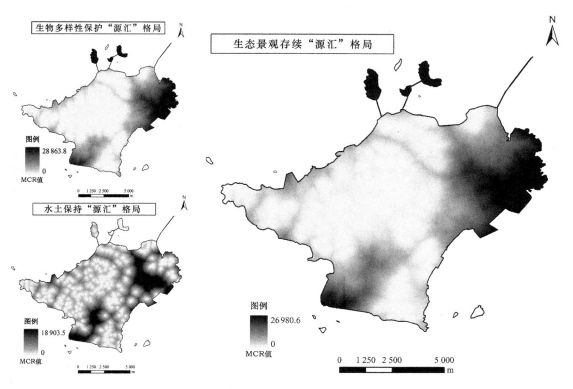

图3-45　生态景观存续综合"源汇"格局

"源汇"格局。从图3-45中可以发现，该格局受坡度、植被覆盖度因素的显著影响。低累计阻力区域绵延于中央山体、石公山、平龙山等山峦地带；高累计阻力区域主要分布在岛东南林屋洞、东北元山—战备圩沿湖区域、消夏湾湿地西南角区域以及北部附属岛屿；高、低累计阻力之间形成带状的中等阻力区域主要分布在东北镇区—消夏湾北部区域、环中央山体以及环石屋顶一带。

### 3.6.3　人文景观存续"源汇"格局建构

1）阻力系数与权重赋值

基于人文景观存续的"源汇"格局，通过上文（第3.5.1节第2点）确定的坡度、植被覆盖度、土地利用类型以及到道路的距离作为阻力因子来构建。根据专家调查问卷确定各个子"源汇"格局的权重：基于传统生活系统保护（0.061 2）、基于传统生产系统保护（0.237 1）、基于传统信仰系统保护（0.167 0）三项的权重按比例调整，使权重之和为1，见表3-12。

在"汇"阻力面赋值上：①坡度和植被覆盖度的区间依照生态景观存续"源汇"格局（第3.6.2节）的相同方法划定，根据坡度越大、植被覆盖度越高、人文景观越难以扩张的原则对阻力系数赋值，茶果景观扩张按照6°—15°为最有利扩张坡度等级逐渐增加阻力赋值。②土地利用类型的扩张系数主要依据汇地与相应源地的适宜性来确定，如对于生活性景观源地而言，其较容易扩张的空间类型是与之相近、容易侵占的聚落或建筑空间，林地、河道水系、水塘和鱼塘被村镇扩张均需一定的成本，阻力赋值中等；果林在西山有较大的经济价值，因此被侵蚀的阻力较高；草地作为空地较容易被占用，因此阻力赋值最低。此外，道路用地属于交通用地，不作为人文景观扩张的用地类型的考虑范畴，具体阻力系数与权重见表3-13。③道路用地对生态景观存续有负面影响，是造成生态斑块破碎化的重要因素之一。而对于人文景观空间来说，可达性是其存续和发展的必要条件，道路实际上成为传统村镇、耕地等众多乡村地域文化景观生长的拉力。因此，本部分按照离道路越近阻力越小的原则设置阻力系数，如表3-13所示。

表3-12　人文景观存续"源汇"格局权重

| 类别 | 子类别 | 权重（$w$） |
|---|---|---|
| 人文景观存续 | 传统生活系统保护 | 0.131 5 |
| | 传统生产系统保护 | 0.509 6 |
| | 传统信仰系统保护 | 0.358 9 |

表 3-13 人文景观存续"汇"阻力面赋值及权重

| 阻力面/影响因素 | 子分类 | 人文景观存续 | | | | | | | |
|---|---|---|---|---|---|---|---|---|---|
| | | 传统生活系统保护 | | 传统生产系统保护 | | | | 传统信仰系统保护 | |
| | | 阻力系数 | 权重（w） | 阻力系数 | | | 权重（w） | 阻力系数 | 权重（w） |
| | | | | 湿地 | 茶果 | 稻田 | | | |
| 土地利用类型 | 传统果林 | 2 | 0.7078 | 7 | 1 | 7 | 0.4396 | 3 | 0.5541 |
| | 现代果林 | 5 | | 5 | 5 | 5 | | 5 | |
| | 水塘或鱼塘 | 2 | | 1 | 6 | 1 | | 3 | |
| | 河道水系 | 2 | | 3 | 7 | 3 | | 3 | |
| | 草地 | 3 | | 2 | 2 | 2 | | 3 | |
| | 林地 | 4 | | 4 | 2 | 4 | | 2 | |
| | 传统聚落或建筑 | 1 | | 8 | 8 | 8 | | 1 | |
| | 非传统聚落或建筑 | 8 | | 9 | 9 | 9 | | 4 | |
| | 传统公共空间 | 2 | | 6 | 6 | 6 | | 1 | |
| | 现代公共空间 | 7 | | 8 | 8 | 8 | | 6 | |
| | 现代商业用地 | 9 | | 9 | 9 | 9 | | 9 | |
| | 传统道路 | 3 | | 7 | 7 | 7 | | 1 | |
| | 现代道路 | 5 | | 9 | 9 | 9 | | 5 | |
| 坡度（°） | ≤2 | 1 | 0.0966 | 1 | 9 | 1 | 0.2344 | 1 | 0.0950 |
| | 2—6 | 3 | | 3 | 5 | 3 | | 3 | |
| | 6—15 | 5 | | 5 | 1 | 5 | | 5 | |
| | 15—25 | 7 | | 7 | 3 | 7 | | 7 | |
| | ＞25 | 9 | | 9 | 7 | 9 | | 9 | |
| 植被覆盖度 | ＞0.528 | 1 | 0.0738 | 9 | 1 | 9 | 0.2259 | 1 | 0.2790 |
| | 0.455—0.528 | 2 | | 8 | 2 | 8 | | 2 | |
| | 0.391—0.455 | 3 | | 7 | 3 | 7 | | 3 | |
| | 0.329—0.391 | 4 | | 6 | 4 | 6 | | 4 | |
| | 0.275—0.329 | 5 | | 5 | 5 | 5 | | 5 | |
| | 0.217—0.275 | 6 | | 4 | 6 | 4 | | 6 | |
| | 0.140—0.217 | 7 | | 3 | 7 | 3 | | 7 | |
| | 0.051—0.140 | 8 | | 2 | 8 | 2 | | 8 | |
| | ≤0.051 | 9 | | 1 | 9 | 1 | | 9 | |
| 到道路的距离（m） | ≤30 | 1 | 0.1218 | 1 | | | 0.1001 | 1 | 0.0719 |
| | 30—60 | 3 | | 3 | | | | 3 | |
| | 60—90 | 5 | | 5 | | | | 5 | |
| | 90—120 | 7 | | 7 | | | | 7 | |
| | ＞120 | 9 | | 9 | | | | 9 | |

2）生产性景观保护"源汇"格局

依据源地类型，生产性景观保护"源汇"格局可分为茶果农业景观、湿地农业景观和稻田农业景观三个子格局。在调查问卷中，相关专家普遍认为其具备相同的保护等级和重要程度，因此将三个子格局等重叠合为生产性景观保护"源汇"格局。

叠合后的生产性景观"源汇"格局（图3-46），累计阻力较小区域为西山镇区东南部平原地区，包括原战备圩南部地貌平坦区域；中等阻力区域面积较大，占据西山岛的大部分，主要为以低阻力片区向西部"掌状"生长模式；高累计阻力区域分布在岛屿东部、南部、西部以及北部附属岛屿区域。

分析其原因：①东部战备圩南端低阻力片区是茶果、稻田生产性景观的双重低阻力区域，因此其综合阻力等级最低，亦是未来最需要着重修复的生产性景观区域；②西山地区山峦众多，生产性景观的扩张受坡度等地形因素影响较大，因此生产性景观的中等阻力片区主要位于岛东部、北部地势较为平坦的区域，并呈现反向映射山体坡度的"掌状"分布模式；③由于靠近湖面，且距高等级、大范围源地较远，较高累计阻力地区主要为滨湖及附属岛屿区域。

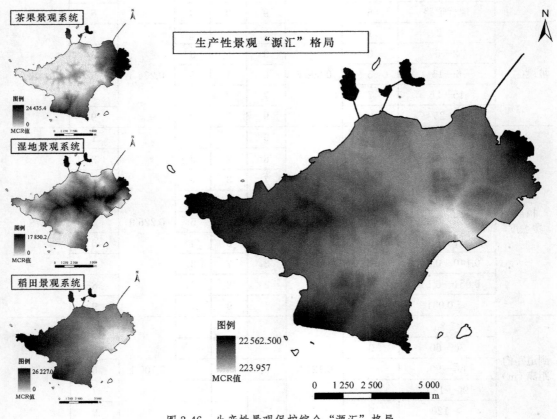

图 3-46　生产性景观保护综合"源汇"格局

3）生活性景观保护"源汇"格局

根据相应的源地类型，生活性景观保护"源汇"格局分为重点生活性景观格局和一般生活性景观格局两类。重点生活性景观源地为遗产价值相对较高的"国家级、省级历史文化名村""中国传统村落"以及"市控制保护古村落"等名录收录的重点传统村落，在上文中（第3.4.3节）赋予了较高的扩张等级；一般性传统村落源地则赋予了较低的扩张等级。

经过叠合发现，生活性景观保护"源汇"格局的低累计阻力范围主要集中在岛屿南部湖湾及湿地区域；中等累计阻力等级范围则呈现除中央山体高海拔区域和部分沿太湖区域之外面状广布的态势，并呈现随着海拔、坡度的升高阻力上升的趋势；高累计阻力区域集中在岛东部、西部及北部附属岛屿（图3-47）。

分析其原因：①生活性景观保护的低阻力区域主要分布在以东西蔡为中心的村落群，因为林屋洞—东西蔡片区为西山传统村落最为密集分布的区域；②高累计阻力区域，即传统生活空间较难扩张与保护的片区，集中在岛东部、西部沿湖区域及附属岛屿，因为东部元山等沿湖区域现代空间广泛分布，不利于扩张，西部、北部附属岛屿距离源地密集区较远，在模型中相对阻力均较大。

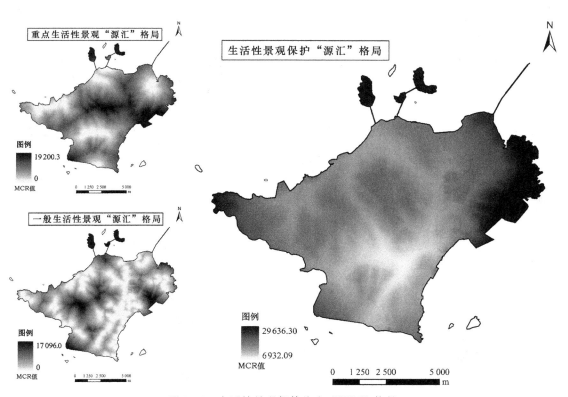

图3-47　生活性景观保护综合"源汇"格局

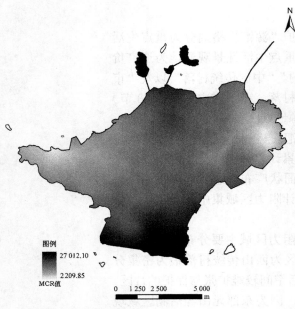

図例

27 012.10

2 209.85

MCR值

0　1 250 2 500　　　5 000
　　　　　　　　　　　　　m

图 3-48　信仰性景观保护综合"源汇"格局

4）信仰性景观保护"源汇"格局

信仰性景观"源汇"格局受点状的源地分布影响较大。低累计阻力等级区域主要分布在西山东北部、西北部等信仰性景观源地较为集中的区域，呈点状分布，逐步向中部扩张的趋势。从图3-48中可以发现，岛东北部元山、西北部角里为两个较为适宜发展信仰性景观的点状片区；中高、高累计阻力等级区域则主要分布在南、北部信仰空间分布较少的区域，尤其是西山东南部石公山附近区域，是累计阻力最高的区域。

5）人文景观存续"源汇"格局

将生产性景观、生活性景观和信仰性景观"源汇"格局按相应权重叠合后（图3-49）可以发现：人文景观存续"源

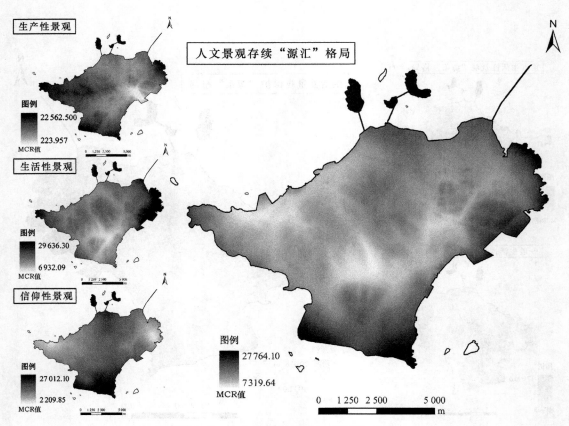

图 3-49　人文景观存续综合"源汇"格局

汇"格局的低阻力区域位于环中央山体片区，尤其是传统村落相对密集的东西蔡、林屋洞、堂里等片区是低累计阻力绵延范围较大区域；中等阻力区域主要位于中央山体以及平龙山、渡渚山、乌峰顶等山体区域以及消夏湾北部、岛西南沿岸等湖湾区域，呈现带状分布；高累计阻力区域主要位于消夏湾西南部片区、石公山片区、岛东北部沿湖片区及横山、阴山、大干山等附属岛屿区域。

### 3.6.4 生态/人文景观系统存续"源汇"格局

西山生态/人文景观系统存续综合"源汇"格局，是在水土保持格局、生物多样性保护格局两类生态景观保护格局，以及生产性景观保护格局、生活性景观保护格局和信仰性景观保护格局三类人文景观保护格局的基础上叠合而成，是生态/人文景观综合"源汇"过程的体现（图3-50）。

格局中低累计阻力等级区域主要包括以缥缈峰为核心的中央山体、岛东南部四龙山、岛北部渡渚山和扇子山、岛西部平龙山和石屋顶等山体范围，这些区域包括了西山主要的传统村落群，其山体部分也是西山自然生态、茶果农业生产的重点片区；中等累计阻力的片状区域主要位于东北镇区、岛南部石公山—消夏湾区域，线状区域主要分布在环岛公路、

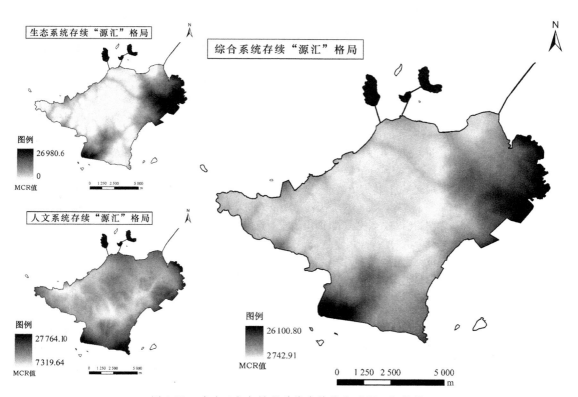

图 3-50 生态/人文景观系统存续综合"源汇"格局

环石屋顶公路等区域；高累计阻力等级区域位于东北部镇区和原采石场区域以及南部消夏湾、北部附属三岛区域，区域内各类生态/人文景观系统空间源地较少或远离重要源地，可作为现代城镇、产业发展、旅游集散的潜在适宜片区。

研究表明，不同于点状、圈层以聚落遗产保护为导向的区域划分模式，景观系统存续"源汇"格局是以生态/人文景观源地为基点，模拟文化景观的潜在生长和博弈状态以及可能性拓展范围和空间适宜性。

## 3.7 本章小结

西山地区生态/人文景观空间类型多元、结构系统复杂。本章系统性地梳理了西山的地域文化以及和文化景观空间的耦合关系，辨识了西山关键的生态/人文景观存续源地，并基于"源汇"格局探索这些源地的潜在生长路径。

在下一章，本书将从与本章"系统存续"相反的"风险预警"角度出发，通过辨识对传统乡村地域文化景观存续不利的景观"源""汇"类型，推衍负向的风险预警"源汇"格局，和本章研究结果合并，形成"正负双向"格局的空间范式，进而探索西山传统乡村地域文化景观之导控途径。

**第 3 章注释**

① 在风水学说中，水是财富的象征，而水口则代表了财富的集聚，《人山眼图说·水口》中记载："凡水来处谓之天门，若来不见源流谓之天门开，水去处谓之地户，不见水去谓之地户闭，夫水本主财，门开则财来，户闭财用不竭。"

② 通常指山洪暴发冲垮桥梁、房屋、农田；相传也指涨水时，在地下的蛇（蛟龙）会借着洪水沿河游走。

③ 《吴中年鉴（2000）》："1999 年 7 月 6 日 9 时，太湖水位达 5.08 m，为有记载以来的最高水位。"

④ 北宋元祐八年（1093年），在今衙里设用头巡检司，建角头寨，西山始有专门治安机构。宋朝规定角头寨额管士兵 144 名，元朝后仍以巡检掌查地方巡逻稽查之事。明洪武年间，将巡检署址迁至后堡，正统年间又迁回原址，重建角头巡检司署。明嘉靖三十五年（1556 年），因倭患殃及太湖，又在角头设太湖营游击衙署，负责西山及太湖的治安。至民国前，西山治安一直由角头巡检司兼管。

⑤ 汛为清时兵制，凡千总、把总、外委所统的绿营兵，都称汛。其驻防巡逻的地区称为汛地。清朝光绪年间（1875—1908 年），浙江太湖营游击 1 人，守备 1 人，千总 1 人，把总 1 人，外委 4 人，战兵 141 人，守兵 221 人，自备坐马 16 匹，兵丁官给马 4 匹，沙哨船 6 只，快船 8 只，小巡船 10 只，游击驻吴县境西洞庭山角头，分防西山兼防东村、后堡、镇夏、明湾、石狮、角头等处六汛。

⑥ 在河姆渡、田螺山、马家浜、草鞋山、钱山漾等重要考古遗址中，发现诸如渔标、渔镖、网坠、"倒梢"（竹制渔具）等渔猎工具；此外，《尔雅》中所载渔具就已近 10 种；唐代诗人陆龟蒙、皮日休曾歌咏渔具 15 种；宋代吴江知县张达明以其所见渔具各系以诗，共 17 首；发展到近代据不完全统计各类渔具达 60 多种。

⑦ 据《西山镇志》记载，渔民造船要办三次酒席。第一次是"开工酒"，宴请船匠师傅；

第二次是"定星酒",在上船梁时设宴;第三次是"下水酒",在船头上钉"利市钉"和红绿绸,贴对联,选吉日良辰,点香祭水神,放爆仗、鞭炮,众人徐徐推船下水,然后宴请宾客。亲友都要送馒头(取其"发")、定胜糕(取其"胜")、甘蔗(取其"节节高")等礼物祝贺。

⑧ 渔船(网船)通常可分大网船与小网船两类,西山本地渔民均为"小网船浪人"。

⑨ 西山渔民主要信仰禹王、天妃、五老爷,祭祀禹王的地点有平台山、甪里郑径港口、消夏清瓦山三处。

⑩ 据《太湖文脉》记载,由于船匠工作的场地都选择在水湾、荒坡与滩头,做的都是没遮没掩的露天活,所以与其他工匠相比,他们往往被人看低三分,人称"粗汉野匠",唤作"粗船匠""野木匠"。

⑪ 根据《江苏省省属太湖、滆湖、高宝邵伯湖、骆马湖渔业养殖 2006—2010 年规划纲要》,西山东部区域为综合自然保护区,位于以大贡山以南—西山大桥—洞庭西山东岸—三山岛西侧—太湖(漾西)一线以东,面积约为 75 万亩;东太湖养殖区包括整个东太湖,是太湖网围养殖的主体。

⑫ 各个朝代对西山稻种都有不同的记载,南宋的《劳畲耕·并序》中提及"吴中米品"有 8 个品种,《宋朝方志考》中记有水稻品种 98 个,明代太湖地区有水稻品种 196 个,清代稻种数量则达到了 380 个。

⑬ 在桑基鱼塘体系中,桑树通过光合作用生成有机物质(桑叶)。用桑叶喂蚕,生产蚕茧和蚕丝(生物工艺的物质转化)。桑树的凋落物、桑葚和蚕沙或者直接返回桑基为桑树提供养分,或者施撒到鱼塘中,使塘中有机质增加,有利于各种浮游生物、节肢动物繁殖、生长,为鱼类提供了丰富的饲料,经过鱼塘内这一食物链过程转化为鱼。鱼的排泄物及其他未被利用的有机物和底泥,经过底栖生物的消化、分解,取出后可作为混合肥料返回桑基,培养桑树。

⑭ 据民间传说,马明王是第一个发现蚕的人,故而成为蚕农崇拜的神灵。

⑮ 洞庭山指洞庭东山和洞庭西山。

⑯ 据《西山镇志》记载,西山仅名列文物保护单位的古泉有 18 处,除无碍泉外,较有名的还有龙山泉、砥泉、画眉泉等。

⑰ 明陈继儒《太平清话》道:"洞庭山小青坞出茶,唐宋入贡,下有水月寺,即贡茶院也。"因此水月寺亦称"水月贡茶院"。水月禅寺东首,有"无碍泉",因南宋李弥大"瓯研水月先春暖,鼎煮云林无碍泉"之句得名。无碍泉,小青茶,是为水月二绝,宋苏舜钦赞曰:"无碍泉香夸绝品,小青茶熟占魁元。"

⑱ 明代《茶解》记载有太湖洞庭山碧螺春栽植技艺:"茶园不宜杂以恶木,惟桂、梅、辛夷、玉兰、苍松、翠竹之类,与之间植,亦足以蔽覆霜雪,掩映秋阳。"西山一带又有关于栽茶、炒茶的民间谚语:"摘得早、采得嫩、拣得净""手不离茶,茶不离锅,揉中带炒,炒揉结合,连续操作,起锅即成"。

⑲ 一般认为,民间信仰是民间宗教的类型之一,但与作为民间教派的制度化宗教相比,民间信仰又没有组织系统、教义和特定的戒律。

⑳ 据《西山镇志》记载,至明初,约已有较大宗族 25 支,其中大多数为原先的北方名门,如秦家堡秦氏、消夏湾蔡氏、甪里郑氏、秉场黄氏、劳家桥劳氏、东村徐氏、煦巷徐氏、横山韩氏、梧巷凤氏等。其中徐氏是西山最大的宗族,在西山各村分布有南徐支、北徐支、东园支、堂里支、徐巷支和煦巷支等。

㉑ 据《西山镇志》记载,今西山东西蔡村的祖上原籍河南汝宁府新蔡县,是最具代表性的宋朝南渡氏族,全村几乎全部姓蔡,虽然在坼村、甪头等地也有蔡氏子孙,但均以西蔡为本宗;秦家堡所聚居的秦氏为西山秦氏的大宗,是宋代著名词人秦观(字少游,号淮海居士)的直系后裔;当然也有多个姓氏聚居在一起的情形,例如明月湾古

村落姓氏以邓、秦、黄、吴为主,是一个多姓氏聚居的古村落。

㉒ 李根源的《润庭山金石》中,抄录了不少西山氏族宗祠中的碑文,从中仍可一见西山明清时建祠、修谱的风气之盛。

㉓ 土地改革时,西山许多宗谱随地主财产一起被没收,集交苏州,其中部分被当时在新华书店旧书收购处的江澄波等收购保存下来,后售与苏州博物馆、苏州图书馆、苏州大学图书馆,西山宗谱目前在这三处共存 20 种 30 余部,这三处保存了大量西山的宝贵史料。

㉔ 据《西山镇志》记载,西山天妃宫是太湖中唯一的妈祖庙,最初建有娘娘大殿、晏公殿、观音殿、玄帝殿、观音阁、甫祖殿等。

㉕ 据《西山镇志》记载,庙会可分为香会和出会,主要在仙、佛的生日、忌日、成道日或灵应日举行。一类是庙神不起驾的香会,主要是供佛教寺院的信徒朝山进香;另一类是庙神起驾出巡的"行会",又称"出会",即迎神赛会,多集中在农闲的农历三月。

㉖ 据《西山镇志》记载,娘娘出会日期由当地乡绅商定(多在农历三月),共三天,依旧历首先应由前埠人将"娘娘"抬出衙里,出会的队伍每到一个村,该村应早准备好台阁、地戏档、舞龙队等,并加入出会队伍中。

㉗ 据《西山镇志》记载,祭品有猪头(留毛)、鱼(不刮鳞)、鸡、定胜糕、水果、蜜饯等。

㉘ 据《西山镇志》记载,屯山墩,原名囷山,因青石山形若米囷而得名。山墩上有萧天君庙(五老爷庙),此庙实为南朝梁武帝玄孙、昭明太子曾孙萧瑀(弟兄五人,瑀行五),隋末殉节于此,后人建祠纪念,祠毁于"文化大革命"期间。

㉙ 据《西山镇志》记载,明清时代,东西山涌现出许多经商世族,如翁、许、席、严、刘"五大家族",其中不乏巨商富贾。

㉚ 据《西山镇志》记载,西山外出经营的行业,在苏州、上海以绸布、苎麻、绒线、水果、茶叶、南北货为多;浙江湖州的肉店、粮行、羽毛扇、棉花业亦主要以西山人为主。

㉛ 据《西山镇志》记载,后堡为清末靖湖厅厅治所在,中华人民共和国成立初期又为西山区政府所在地。

㉜ 据《西山镇志》记载,庙会期间盛行草台戏,有固定戏台四处,分别在元山五老爷庙、后堡双观堂、秉场四墩山、衙里天后宫,所演剧目大多为传统戏。过年或庙会时还有龙灯舞,全西山共有"龙"18 条。龙灯由龙头、龙身、龙尾三部分组成,骨架为木或竹制,躯体多用布或绸缎缝裹,用彩珠装饰头尾,龙身绘有鳞甲,身长八九节或十几节,颜色有青、白、黄等。舞龙时,每人举一节,每节中点有蜡烛,传统舞法有"撬荷花""叠罗汉""舞四门"等。较特别的龙灯是渡渚的"夹竹龙",由木架、竹身、纸面制作而成,共 16 节,每节内有 4 支蜡烛,因舞动时不断发出"叽里阶啦"的竹片声,俗称"极夹龙"。

㉝ 另有一版本的"西山十景",在八景的基础上增加了"鸡笼梅雪""龙渚归帆"两景。

㉞ 石公山位于西山东南角,山高 49.8 m,因山前原有巨型太湖石,状若老翁,故名"石公"。石公山与三山等岛屿互为对景,因三面临水,为赏月佳处,被西山"八景"收录为"石公秋月"。

㉟ 据《西山镇志》记载,角里古时曾遍植梨树、花开如云,现今角里梨树种植虽然减少,但每年三四月间,梨园遍野雪白,依然为一时之盛。

㊱ 据《西山镇志》记载,消夏湾是西山南部的一个大水湾,相传春秋末期吴王夫差偕宠妃西施在此避暑消夏,每当月夜,泛舟夜游,即令渔民将船首尾相接,排成一字长蛇阵势,渔民站立船头梢尾放声歌唱,由此得名"消夏渔歌"。

㊲ 据《震泽县志》记载,明清时期太湖洞庭诸山种植有蜜梨、林梨、张公梨、白梨、孩儿

梨、乔梨、鹅梨、金花梨、太师梨等品种。

㊳ 《苏州府志》载："莼向出三泖，今出太湖中西山之消夏湾。"据《西山镇志》记载，西山产菱和莲藕主要是在消夏湾一带。

㊴ 调研发现，位置偏僻、遗产分布少的传统村落大多较为衰败，居民扩建住宅意愿小，村落空心化、老龄化严重。

㊵ 西山蕴藏着丰富的人文景观，西山后人将其精要地概括为三断、六绝、三庵、四宫、四皓、七村、八巷、九里、十三湾、十八寺。

㊶ 在甪里马王山西坞处，相传为甪里先生隐居之处。

㊷ 在林屋洞南，相传为宋李弥大隐居处。

㊸ 1995年"国际地圈与生物圈计划"（IGBP）和"全球环境变化的人文因素计划"（IHDP）联合提出了"土地利用/土地覆被变化"（LUCC）研究计划，试图通过对人类驱动力——土地利用、全球变化与环境反馈之间相互作用机制的认识，深入理解人类活动对土地覆被的影响，从人类活动角度预测LUCC，进而评估生态环境变化，并寻求积极的人为干预。

㊹ 具体方法为：首先根据解译标志，在AutoCAD中准确描绘出每种景观类型的范围边界，并使所有景观斑块无重叠、无空缺。为每种景观类型设置线框与填充两个图层，分层设色。在此基础上将Auto CAD解译完成的图像文件导入FME Workbench软件中，分别将13种景观类型填充图层输出为 ShapeFile 格式文件。最后将FME Workbench 转换的文件导入ArcGIS 9.3 信息系统的ArcMap（集地图制作、空间分析、空间数据建库等功能为一体的专业软件）中，建立数据集，调整不同景观类的显示颜色，添加比例尺、图例等信息，最终得到可用于后续分析2016年西山文化景观的分类图，所有的空间数据均经高斯—克吕格投影处理后转换到相同的1980年西安坐标系。

**第3章参考文献**

[ 1 ] 单霁翔.乡村类文化景观遗产保护的探索与实践[J].中国名城,2010(4):4-11.

[ 2 ] 俞孔坚,李迪华,韩西丽,等.新农村建设规划与城市扩张的景观安全格局途径——以马岗村为例[J].城市规划学刊,2006(5):38-45.

[ 3 ] 陈利顶,等.源汇景观格局分析及其应用[M].北京:科学出版社,2016:28.

[ 4 ] 刘沛林.中国传统聚落景观基因图谱的构建与应用研究[D].[博士学位论文].北京:北京大学,2011:76

[ 5 ] 张凤琦."地域文化"概念及其研究路径探析[J].浙江社会科学,2008(4):63-66,50.

[ 6 ] 汪长根,王明国.论吴文化的特征——兼论吴文化与苏州文化的关系[J].学海,2002(3):85-91.

[ 7 ] 王其亨.风水理论研究[M].天津:天津大学出版社,1992.

[ 8 ] 段进,龚恺,陈晓东,等.世界文化遗产西递古村落空间解析[M].南京:东南大学出版社,2006:37.

[ 9 ] 曹健,张振雄.苏州洞庭东、西山古村落选址和布局的初步研究[J].苏州教育学院学报,2007,24(3):72-74,93.

[10] 薛利华.席家湖村志[M].香港:香港文汇出版社,2004:17.

[11] 金友理.太湖备考[M].南京:江苏古籍出版社,1998.

[12] 苏州市吴中区西山镇志编纂委员会.西山镇志[M].苏州:苏州大学出版社,2001:252,254-256.

[13] 洪璞.明代以来太湖南岸乡村的经济与社会变迁[M].北京:中华书局,2005:15,

29.

[14] 苏州大学中国近代文哲研究所.太湖文脉[M].苏州:古吴轩出版社,2004:174.

[15] 中国科学院南京中山植物园.太湖洞庭山的果树[M].上海:上海科学技术出版社,1960.

[16] 邓晓华.人类文化语言学[M].厦门:厦门大学出版社,1993.

[17] 钟敬文.民俗学概论[M].上海:上海文艺出版社,1998:187.

[18] 马学强.钻天洞庭[M].福州:福建人民出版社,1998.

[19] 乌丙安.民俗文化空间:中国非物质文化遗产保护的重中之重[J].民间文化论坛,2007(1):98-100.

[20] 赵夏.我国的"八景"传统及其文化意义[J].规划师,2006,22(12):89-91.

[21] 刘孝富,舒俭民,张林波.最小累积阻力模型在城市土地生态适宜性评价中的应用——以厦门为例[J].生态学报,2010,30(2):421-428.

[22] 文博,刘友兆,夏敏.基于景观安全格局的农村居民点用地布局优化[J].农业工程学报,2014,30(8):181-191.

[23] 陈英瑾.风景名胜区中乡村类文化景观的保护与管理[J].中国园林,2012,28(1):102-104.

[24] 贾艳艳,唐晓岚,张卓然,等.太湖东西山古村落风水林探析[J].山东农业大学学报(自然科学版),2017,48(4):504-510.

[25] 董春,罗玉波,刘纪平,等.基于Poisson对数线性模型的居民点与地理因子的相关性研究[J].中国人口·资源与环境,2005,15(4):79-84.

[26] 秦伟,朱清科,张学霞,等.植被覆盖度及其测算方法研究进展[J].西北农林科技大学学报(自然科学版),2006,34(9):163-170.

[27] 罗亚,徐建华,岳文泽.基于遥感影像的植被指数研究方法述评[J].生态科学,2005,24(1):75-79.

[28] 李晓文,胡远满,肖笃宁.景观生态学与生物多样性保护[J].生态学报,1999,19(3):399-407.

[29] TURNER B L, SKOLE D L, SANDERSON S, et al. Land-use and land-cover change science/research plan[R]. Stockholm and Geneva: IGBP Report No.35 and IHDP Report No.7, 1995.

[30] 王云才,吕东.基于破碎化分析的区域传统乡村景观空间保护规划——以无锡市西部地区为例[J].风景园林,2013(4):81-90.

[31] 王云才.基于景观破碎度分析的传统地域文化景观保护模式——以浙江诸暨市直埠镇为例[J].地理研究,2011,30(1):10-22.

[32] KNAAPEN J P, SCHEFFER M, HARMS B. Estimating habitat isolation in landscape planning[J]. Landscape and Urban Planning, 1992, 23(1):1-16.

[33] 赵筱青,王海波,杨树华,等.基于GIS支持下的土地资源空间格局生态优化[J].生态学报,2009,29(9):4892-4901.

[34] 钟式玉,吴箐,李宇,等.基于最小累积阻力模型的城镇土地空间重构——以广州市新塘镇为例[J].应用生态学报,2012,23(11):3173-3179.

[35] 俞孔坚,王思思,李迪华,等.北京市生态安全格局及城市增长预景[J].生态学报,2009,29(3):1189-1204.

第3章图表来源

图 3-1、图 3-2 源自:笔者绘制.

图 3-3 源自:王其亨.风水理论研究[M].2 版.天津:天津大学出版社,2005:29.

图 3-4 源自:苏州太湖国家旅游度假区管委会.深闺瑰宝:太湖西山古村落[M].苏州:
　　古吴轩出版社,2004.

图 3-5 源自:《东园图说》,清嘉庆七年(1802年)所编东园徐氏宗谱.

图 3-6 源自:苏州新闻网.

图 3-7 至图 3-11 源自:笔者拍摄.

图 3-12 源自:苏州大学中国近代文哲研究所.太湖文脉[M].苏州:古吴轩出版社,2004.

图 3-13 源自:苏州太湖国家旅游度假区管委会.深闺瑰宝:太湖西山古村落[M].苏州:
　　古吴轩出版社,2004:74.

图 3-14 源自:笔者根据《吴中年鉴》(2004—2013年)绘制.

图 3-15 源自:笔者根据《江苏省省属太湖、滆湖、高宝邵伯湖、骆马湖渔业养殖 2006—
　　2010 年规划纲要》绘制.

图 3-16 源自:费孝通.江村经济[M].南京:江苏人民出版社,1986.

图 3-17 源自:苏州太湖国家旅游度假区管委会.深闺瑰宝:太湖西山古村落[M].苏州:
　　古吴轩出版社,2004.

图 3-18 源自:笔者绘制.

图 3-19 源自:笔者根据《吴中年鉴》(2003—2013年)绘制.

图 3-20 源自:笔者根据《西山镇志》绘制.

图 3-21 源自:笔者根据《西山堂里古村保护与建设规划》绘制.

图 3-22 源自:苏州太湖国家旅游度假区管委会.深闺瑰宝:太湖西山古村落[M].苏州:
　　古吴轩出版社,2004:15.

图 3-23 源自:苏州太湖国家旅游度假区管委会.深闺瑰宝:太湖西山古村落[M].苏州:
　　古吴轩出版社,2004:17.

图 3-24 源自:笔者拍摄.

图 3-25、图 3-26 源自:笔者绘制.

图 3-27 源自:笔者拍摄.

图 3-28 至图 3-30 源自:笔者绘制.

图 3-31 源自:笔者拍摄.

图 3-32 源自:贾艳艳,唐晓岚,张卓然,等.太湖东西山古村落风水林探析[J].山东农业
　　大学学报(自然科学版),2017,48(4):504-510.

图 3-33 至图 3-50 源自:笔者绘制.

表 3-1 源自:笔者根据《吴中年鉴》(2004—2013年)绘制.

表 3-2、表 3-3 源自:笔者根据相关资料绘制.

表 3-4 源自:笔者绘制.

表 3-5 源自:笔者根据相关资料绘制.

表 3-6 至表 3-13 源自:笔者绘制.

# 4 传统乡村地域文化景观风险预警"源汇"格局建构

风险预警是对危险、危机状态的预先信息警报,是围绕某个特定目标展开的一整套监测和评价的理论和方法体系。在文化景观和遗产领域,风险预警的主要途径为利用数学模型对可能影响遗产保护的风险发生和发展过程进行分析,并预报出可能面临的危险事件,让危机止于萌芽[1-2]。西山位于江南长三角核心地区,城镇化进程快、乡村旅游业发达,存在着诸多影响传统乡村地域文化景观的风险类别和干预因素。本章试图模拟"风险源"及其潜在空间扩张趋势和侵蚀路径,构建"负向"的风险预警"源汇"格局。

值得说明的是,本章的"负向""风险""预警"等字眼是基于传统乡村地域文化景观而言,并不是将城镇化、现代化、旅游业发展等作为有害要素予以排除。相反,风险预警"源汇"格局的重要目的之一是在传统乡村地域文化景观系统性安全的基础上,确定现代工业、商业、旅游业的适宜发展区域并加以引导,探寻传统乡村保护与现代化进程并重的可持续发展之路。

## 4.1 研究目标与内容

本章基于"源汇"理论,旨在揭示西山旅游业、城镇化、工商业等"风险源"的类别、位置和强度以及潜在的空间扩张等级及态势,为乡村景观安全等级划定、保护规划和风险管理奠定基础。主要有以下几个研究内容:

### 4.1.1 辨识关键风险源地类别、分布与强度

西山传统乡村地域文化景观受到工业化、城镇化和旅游化等多种风险的干预与侵扰。风险预警"源汇"格局的建构,首先需对西山所受的风险类别进行全面的梳理与筛选,辨识风险的类别、载体以及空间分布。其次基于自然地理环境、社会文化背景和专家问卷咨询,共同确定"风险源"的扩张强度和赋值。

### 4.1.2 判别"汇"的阻力类别和强度

与文化景观保护源地一样,风险源地的扩张也受到自然地理及人文

环境的综合影响，主要表现在"汇"景观对源地扩张的阻力上。本书在辨识风险源地的基础上，对风险源相应的汇地强度进行赋值。其中，"汇"的类别主要为"用地类型""到道路／湖面的距离""坡度"等。值得注意的是，"风险源"扩展的内在动力、强度均远远大于果林、聚落等"保护源"，而本章中的风险预警"源""汇"等级均采用与上一章系统存续相同的赋值等级，这在潜在意义上诠释了本书力图建构的传统乡村景观保护与现代社会经济发展并存、并举的可持续发展模式。

### 4.1.3 推衍传统乡村地域文化景观风险的潜在扩张范围

在判定风险源地、汇地的类别、位置、范围以及强度的基础上，通过空间模型模拟西山村镇扩张、旅游侵扰等"风险源"的潜在扩张路径，推导各单项风险"源汇"格局，并加权叠合为文化景观风险预警"源汇"格局。基于风险预警的"源汇"格局，试图分析"风险源"的潜在影响范围、扩张强度和侵蚀路径，为后续正负双向"源汇"格局的叠合、景观安全等级的划定以及现代旅游及产业适宜性发展空间的确定奠定基础。

## 4.2 本章技术路线

西山传统乡村地域文化景观风险预警"源汇"格局的建构步骤主要有：①初步筛选影响西山传统乡村景观的"风险源"；②在对西山的实地踏查基础上，确定"村镇扩张""旅游侵扰"两大"风险源"类型；③对所确定"风险源"的具体源地进行辨识和风险等级赋值；④基于相应的源地类型，对"汇"进行分类，将"坡度""用地类型""到湖面的距离""到道路的距离"作为阻力因素，并纳入模型计算；⑤基于最小累计阻力模型，计算单一景观"源汇"格局，最终按权重叠合得到西山地域文化景观风险预警"源汇"格局。此外，风险预警"源汇"格局将在下一章与生态／人文景观系统存续"源汇"格局进行"减法"叠合，以划定分区及根据区划提出相应的保护、修复、控制及引导策略（图4-1）。

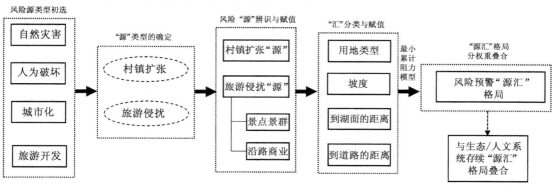

图 4-1　西山传统乡村地域文化景观风险预警"源汇"格局建构技术路线

## 4.3　传统乡村地域文化景观风险类型初步识别

风险识别的目标在于通过收集有关风险因素、风险事故等方面的信息，发现导致潜在风险的因素。它包括发现或调查风险源、认知风险源、预见危害、确认风险因素与风险事故之间的关系等几个步骤。风险识别的方法主要有清单列举法、现场调研法、流程图分析法、鱼刺骨分析法和事故树分析法等（表 4-1）[3]。

鱼刺图（FBF）法又被称为因果分析图、特性图或因果图等，其特点在于可辨别不同类别风险复杂原因和影响因素，使其系统化和条理化[4]。传统乡村地域文化景观所受影响因素的类型较为复杂，本章采用FBF 法对其所面临的风险源进行初步的分析和筛选，如图 4-2 所示。

表 4-1　风险识别方法归纳表

| 风险识别法 | 内容 | 特点 |
|---|---|---|
| 清单列举法 | 通过清单列表来识别所面临的风险源 | 全面罗列风险源 |
| 现场调研法 | 现场直接观察和调研所存在的风险隐患 | 观测直接性 |
| 流程图分析法 | 对保护流程中的薄弱环节进行调查和风险识别 | 注重流程和过程 |
| 鱼刺骨分析法 | 通过因果联系分析风险的类别和原因 | 注重逻辑性风险推导 |
| 事故树分析法 | 从某一事故出发推理风险的原因 | 适合综合分析复杂系统的活动过程 |

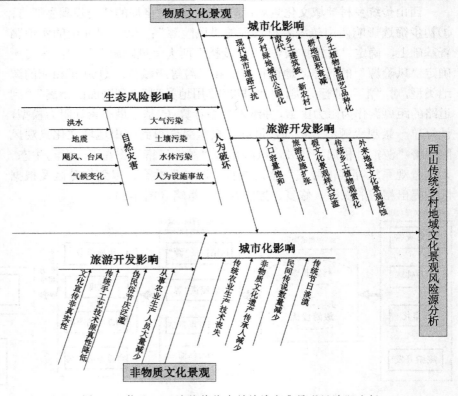

图 4-2　基于 FBF 法的传统乡村地域文化景观风险源分析

经过 FBF 法梳理，传统乡村地域文化景观主要可遭受自然灾害和人
为破坏两个方面的影响，其中物质文化景观主要会受到城市化、旅游开发、
生态风险等因素的影响；非物质文化景观则更容易受到旅游开发和城市
化的影响。这些影响有些来源于自然发展和演进，有些则来源于人为管
理破坏的结果。

根据本书研究的对象与范畴，排除地震、台风、气候变化等自然灾
害等不可抗因素，西山传统乡村地域文化景观主要受到城市化、旅游开
发等人为影响以及大气、水体污染等生态风险，这些风险的源地归结为
在西山矛盾较为突出的"村镇扩张"和"旅游侵扰"两个类型。

## 4.4 风险源地辨识及强度赋值

### 4.4.1 村镇扩张源地辨识

一般认为，村镇用地扩张过程可以是乡村聚落和生产用地与周围环
境之间的竞争性控制和覆盖过程[5]。过去由于生产力水平不高，传统村
镇对自然的侵占和覆盖过程持续而缓慢，与自然空间之间往往达到某种
动态平衡。随着科技进步和现代化发展，人们改造自然的能力大大增强，
各类产业用地急剧扩张，容易造成不可逆转的空间干预，深刻影响传统
乡村的景观环境及土地利用结构[6]。

1）村镇扩张源地类别

1990 年代后期，西山所在的苏南地区开始大力推动农村"三集中"
政策，即村庄居民逐步向城镇集中，工业逐渐向园区集中，传统农业
向规模化经营集中，聚落格局由分散转为聚集，部分村镇急剧扩大。
西山也是如此，在过去 10 年间，镇区不断扩大，其周边的传统村落、
农田斑块逐步被几何形的别墅住宅、工业和农业园区等现代用地所蚕
食（图 4-3）。

图 4-3　10 年间西山镇区附近现代用地的扩张对比
注：海拔高度为 2 km。

依据相关学者的研究，西山在 2002—2015 年的 13 年间建设用地大幅度增加，从 2002 年的 690.03 hm² 增长到 2015 年的 1 128.42 hm²，13 年间增长超过了 60%（图 4-4，表 4-2）。尤其是岛东北区域受太湖大桥通车影响，交通便利性提高，村镇迅速聚集和扩张，原有散点布局的传统

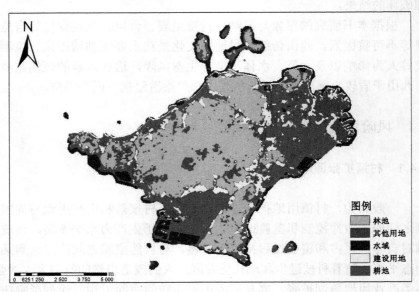

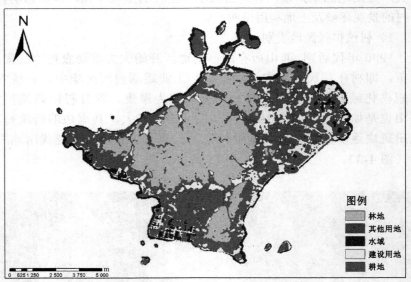

图 4-4    2002 年、2015 年西山景观分类图

表 4-2    2002—2015 年西山建设用地面积表

| 景观类型 | 面积（hm²） | | | | | 面积构成（%） | | | |
|---|---|---|---|---|---|---|---|---|---|
| | 2002 年 | 2006 年 | 2009 年 | 2015 年 | 变化幅度 | 2002 年 | 2006 年 | 2009 年 | 2015 年 |
| 建设用地 | 690.03 | 1 055.7 | 1 144.44 | 1 128.42 | 63.53% | 7.36 | 11.25 | 12.20 | 12.03 |

村落逐步形成片状、网状布局的现代镇区[7]。

在卫星影像与实地踏查互释的基础上，笔者发现西山主要村镇扩张"源"有现代居住用地、工商业用地以及现代公共空间等类别。此外，一部分传统村镇因房屋年久失修，居民倾向于在村落边缘空地建造新式住宅，这也可作为村镇扩张源地的一类。

2）村镇扩张源地辨识与强度赋值

根据上文的归纳，村镇扩张源地为：现代居住用地、工商业用地、现代公共空间以及传统村镇用地（图4-5）。经过实地踏查和专家咨询，村镇扩张源地可分为以下几个扩张强度等级：①基于西山的宜居和旅游背景，成片、抱团的别墅、度假村等现代居住空间具有最强的扩张强度；②受近年来产业转型影响，工商业用地、现代公共空间较现代居住用地扩张较弱，具备中等的扩张强度；③近期西山原住民人口并未有较大幅度的上升，且传统村镇居民自建房能力有限，排除下文（第4.4.2节）中的旅游影响因素，传统村镇具有相对最弱的扩张强度（表4-3）。

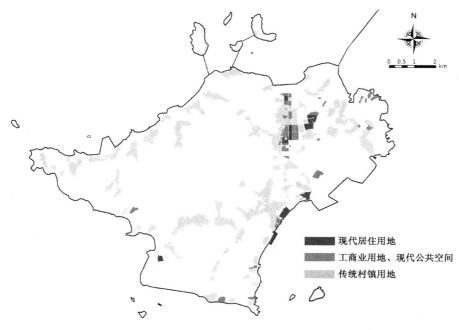

图 4-5　西山村镇扩张源地类型分布

表 4-3　西山村镇扩张源地类型及潜在扩张强度赋值表

| 源地类型 | 内容和分布范围 | 强度赋值 |
|---|---|---|
| 现代居住用地 | 集中分布在镇区和东岸沿湖区域 | 9 |
| 工商业用地、现代公共空间用地 | 主要集中在镇区和东北部元山采石区域 | 5 |
| 传统村镇用地 | 除海拔较高区域外在西山广布 | 3 |

### 4.4.2 旅游侵扰源地辨识

**1) 旅游侵扰源地类别**

适当发展旅游业会促进传统村镇的保护及可持续发展,而过度的旅游开发则会破坏传统村镇的经济、文化结构[8]和传统风貌[9]。西山自然、人文景观资源分布广泛,旅游业占比近年来持续攀升。本节将根据西山旅游设施的位置与分布规律,辨识现有及潜在的主要旅游设施扩张源地。

(1) 旅游侵扰"源"——景源

作为太湖风景名胜区的子景区,西山景区被划分为田园农业观光区、驾浮名胜游览区、消夏湾民俗游览区、缥缈峰生态游览区、山乡古镇风俗游览区及太湖风情观光区六个分景区,每个分景区又由若干个次级景区组成。景区及周边是旅游商业设施建设的重点地区(表4-4)。宾馆、饭店、旅游纪念品商店、旅游商业街往往充斥在景点周围,如中国历史文化名村明月湾村已被宾馆、酒店、停车场等旅游附属设施三面包围,几乎隔断了该村落与太湖之间的联系(图4-6)。因此本书拟根据不同等级的景源地来作为西山旅游侵扰源地类型。

表 4-4 西山旅游商业设施分布

| 子景区 | 位置及面积 | 资源组合特色 | 现状主要次级景区 | 旅游商业设施概况 |
|---|---|---|---|---|
| 田园农业观光区 | 景区东北部(1 663 hm²) | 以自然地域风光为依托,集自然田园风光、高科技农业为一体 | 绿光休闲农场 | 次级景区配套餐厅、宾馆、商店、大中型度假村、农庄、商摊、农家乐饭店等 |
| 驾浮名胜游览区 | 景区东部(1 032 hm²) | 以自然生态景观为依托,集植物名胜、山石名胜、古禅名园为一体 | 林屋洞—梅园、古樟园、包山禅寺、罗汉寺、石公山 | 大中型宾馆、度假村、农家乐饭店、购物商店、商摊、旅游码头等 |
| 消夏湾民俗游览区 | 景区南部(988 hm²) | 以自然山水风光、植物为依托,集古名宅、历史遗迹、湖光山色为一体 | 明月湾古村、牛仔乡村俱乐部 | 次级景区配套餐厅、宾馆、农家乐饭店、购物商店、商摊、旅游码头等 |
| 缥缈峰生态游览区 | 景区中部(2 292 hm²) | 以自然山林为依托,集植物景观、果林园圃、森林探幽休闲为一体 | 缥缈峰景区 | 景区配套购物商店、商摊等 |
| 山乡古镇风俗游览区 | 景区西北部(1 701 hm²) | 以吴地山乡风貌为依托,集古村民俗、历史遗迹、山水风光、花果植被为一体 | 禹王庙、雕花楼 | 农家乐宾馆、饭店、购物商店、商摊等 |
| 太湖风情观光区 | 景区北部(560 hm²) | 以自然山水风光为依托,集湖滨风光、现代休闲次级景区景观为一体 | — | 饭店、农家乐宾馆等 |

（2）旅游侵扰"源"——道路

西山旅游商业设施分布亦受到交通条件和设施的影响。太湖大桥通车前，西山是湖中"孤岛"，主要通过船只，经由几个重要码头与外界联系。根据镇志记载，当时比较著名的旅游商业设施均围绕交通便利的镇夏和石公山码头地区[①]分布（图4-7）。

太湖大桥建成通车后，西山的主要对外联系方式由水路逐步转变为陆路，陆路交通成为影响商业设施布局的重要因素，商业设施更倾向于靠近交通便利的太湖大桥和易于集散的地形平坦区。如西山现有大量旅游商业分布在镇区道路两侧（图4-8），而景源周围的商业设施也呈现沿道路分布的布局模式（图4-9）。

2）旅游侵扰源地辨识与强度赋值

（1）景源侵扰源地

景源侵扰源地以《太湖风景名胜区西山景区总体规划》中的景源评价为依据[②]，评价将西山景点、景群分为特级、一级、二级、三级、四级五个级别。"风险源"的扩张和侵扰等级根据景源相应的等级进行赋值，

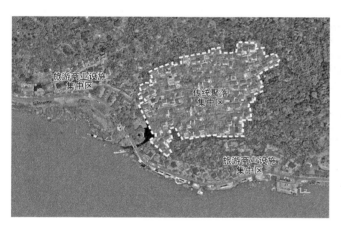

图4-6 明月湾古村与周边旅游设施分布图

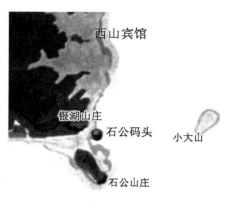

图4-7 太湖大桥通车前西山的主要旅游
商业设施布局

图4-8 西山沿主干道分布的商铺

图4-9 林屋洞景区周边沿道路分布的旅游设施

并将其中部分互相包含的景源进行合并，取较高等级数值。值得说明的是，一些景群、景点面积较大，其旅游及商业设施并非分布全园，往往集中在景区入口或旅游人群的密集区。因此，景源风险源地均不以"面源"而以集中"点源"的形式存在。各级景源的分布、评价等级及风险源强度赋值等级详见表 4-5 和图 4-10。

（2）道路侵扰源地

沿不同等级的道路，西山旅游商业设施呈现出相异的分布模式。大型饭店、宾馆、度假区等大规模旅游商业设施主要集中在等级较高的道路两侧；商摊、农家乐等主要分布在次等级的道路周边。因此，本书根据西山现有主要道路等级将其分为城镇道路和村镇道路两个不同等级，并根据侵扰程度的不同进行赋值（图 4-11，表 4-6）。

表 4-5 景源旅游侵扰强度赋值

| 景源评价等级 | 景源类型 | 景源名称 | 强度赋值 |
|---|---|---|---|
| 特级景源 | 人文景源 | 明月湾古村（包含明月湾黄氏宗祠、姜宅、礼耕堂、瞻乐堂、凝德堂、汉三房、仁德堂、瞻禄堂、裕耕堂、秦家祠堂、石板桥、薛家厅、浜嘴明建码头、瞻瑞堂） | 9 |
| 一级景源 | 人文景源 | 林屋山摩崖石刻、包山禅寺（包含包山坞）、古罗汉寺、禹王庙、甪里明建码头、涵村明代店铺（涵村古村）、植里古道及桥（植里古村及仁寿堂、圣堂寺、永丰桥）、栖贤巷门（东村古村及学圃堂、凝翠堂、绍衣堂、敦和堂、维善堂、东园公祠、孝友堂、敬修堂、徐家祠堂、萃秀堂） | 7 |
| | 自然景源 | 石公山、林屋洞、缥缈峰 | |
| 二级景源 | 人文景源 | 明月寺、梅园、古樟园、春熙堂花园（东西蔡古村及畲庆堂、芥舟园、爱日堂花园、秦仪墓） | 5 |
| | 自然景源 | 消夏湾、甪角咀 | |
| 三级景源 | 人文景源 | 诸稽郢墓、樟坞里方亭、石公山摩崖题刻、礼和堂、高定子和高斯道墓、毛公坛、童子面石雕、镇夏码头、吴王消夏行宫遗址、甪里古村、甪庵、太平军土城遗址、绮里观音园、水月寺、后埠古村（包含介福堂、燕贻堂、承志堂）、费孝子祠、后埠井亭、元山宕口群、后埠宕口群、庆馀堂、堂里古村（沁远堂、仁本堂、容德堂、遂志堂） | 3 |
| | 自然景源 | 毛公坞、罗汉坞、马王山、红橘保护林、水月坞、天王坞（桃花坞）、涵村坞、待诏坞、东湾古柏、张家湾古樟树园、生肖石、玄阳万亩田园、前湾生态湿地、横山群岛、侯王荡、天王荡 | |
| 四级景源 | 人文景源 | 俞家渡遗址、渔家风情园、花卉植物园、秉场里遗址、国家地质公园、法华寺、石码头遗址 | 1 |
| | 自然景源 | 平龙山、小峰顶、水韵长滩湿地、衙甪里柳林湿地、绮里坞、凉帽顶、笠帽顶、西园顶、扇子山、渡诸山、瞳里桥柳林湿地、劳村前柳林湿地 | |

图 4-10　西山景源等级分布图

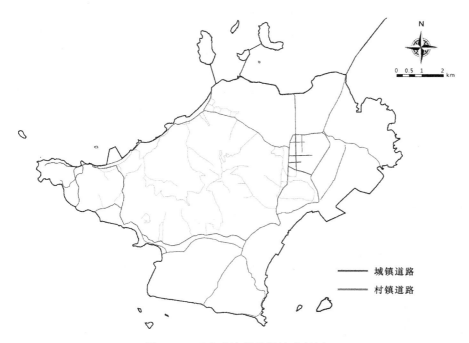

图 4-11　西山道路侵扰源地分级图

表 4-6　道路侵扰源地扩张强度赋值

| 源地类型 | 内容范围 | 强度赋值 |
|---|---|---|
| 城镇道路 | 路幅＞8 m 的道路，包括环岛公路、四车道以上公路 | 9 |
| 村镇道路 | 路幅为 3—8 m 的道路，包括子景区内道路、乡村道路 | 3 |

## 4.5　阻力"汇"评价指标体系构建

### 4.5.1　评价指标体系

村镇扩张、旅游侵扰等风险源地的扩张受到各类型因素的影响。在"汇"指标体系中，参照生态/人文景观系统存续阻力"汇"评价指标体系构建的方法（上文第 3.5.1 节），拟选取"坡度""土地利用类型""到道路的距离""到湖面的距离"等作为评价指标。

主要考量为：①风险源地扩张方式主要为相关设施和构筑物建设，且"坡度"的适宜性和"土地利用类型"的可侵占性是其扩张难易程度的主要条件。②传统乡村地域的交通、信息的易达性是导致景观变化的主要动力[10]，道路周边是村镇扩张和旅游设施建设的潜在位置，因此选取"到道路的距离"作为重要评价指标之一。③湖面的视觉景观资源是西山村镇、旅游设施选址的重要影响因素[11]。村镇和景区至湖面的距离越近越容易被深度开发，湖面实际上具备对风险源地较强的拉力作用，因此亦选择"到湖面的距离"作为评价因素之一。需要说明的是，在基于道路扩张的"汇"评价指标中，"到道路的距离"不被纳入指标体系，避免重复计算。

在权重赋值方面，根据专家调查问卷统计，运用层次分析法（AHP）确定各个子"源汇"格局的权重。村镇扩张的权重为 0.398 0，旅游侵扰的总权重为 0.602 0，详见表 4-7。

表 4-7　风险预警阻力"汇"评价指标体系表

| 目标层 | 评价指标体系 | | | | | | | | | | |
|---|---|---|---|---|---|---|---|---|---|---|---|
| 项目层 | 村镇扩张（V） | | | | 旅游侵扰（T） | | | | | | |
| 因素层 | | | | | 基于景源旅游侵扰（T1） | | | | 基于道路旅游侵扰（T2） | | |
| 权重 | 0.398 0 | | | | 0.343 0 | | | | 0.259 0 | | |
| 指标层 | V-1 | V-2 | V-3 | V-4 | T1-1 | T1-2 | T1-3 | T1-4 | T2-1 | T2-2 | T2-3 |
| | 土地利用类型 | 到道路的距离 | 到湖面的距离 | 坡度 | 土地利用类型 | 到道路的距离 | 到湖面的距离 | 坡度 | 土地利用类型 | 到湖面的距离 | 坡度 |

### 4.5.2 "汇"的评价指标获取方式与模拟途径

在评价指标获取方式方面，风险预警"汇"的"坡度""土地利用类型""到道路的距离"采用与系统存续"汇"相同的评价指标获取途径（上文第3.5.2节），"到湖面的距离"采用与"到道路的距离"相同的指标获得方式；"源汇"格局模拟亦采用最小累计阻力模型（MCR）进行"源汇"格局的过程推导。具体技术上通过地理信息系统软件（ArcGIS 9.3）中的费用加权（Cost-Weighted）工具实现。

### 4.5.3 基于风险预警的"源汇"格局阻力面赋值

1）土地利用类型

村镇、旅游设施和用地的扩张通常是以修建构筑物和侵占传统建筑物等形式蔓延，其阻力等级按照一个用地类型被"风险源"侵蚀和替代的容易程度而定。①较容易扩张的空间类型是与村镇和旅游设施空间性质相近的聚落或建筑空间，赋值设定为低阻力；②现代公共空间和传统公共空间作为硬质化基底空间类型亦容易修建永久、临时建筑，赋值为中低阻力；③草地作为空地较容易被占用，赋值为中低阻力；④林地、河道水系、水塘和鱼塘被村镇扩张需一定的成本，阻力赋值为中等；⑤在西山，果林经济价值较高，大面积的传统果林分布在坡地丘陵，构筑物建设难度大，阻力较高；⑥道路用地属于交通用地，不作为村镇、旅游扩张的用地类型考虑范畴。

值得说明的是，人类建设活动的力量和强度远大于生境斑块的迁移能力，然而本书将基于村镇扩张、旅游侵扰的阻力赋值与上一章生态/人文景观系统存续的"汇"赋值等级分布相同，因此研究在潜在意义上倾向于对传统乡村地域文化景观的保护。

2）到道路、湖面的距离

按照到道路、湖面的距离越近体现为阻力越低的"汇"阻力等级，将到道路、湖面的距离分为≤30 m、30—60 m、60—90 m、90—120 m和>120 m五个等级，如表4-8所示。

3）坡度

按照西山的实际状况，将坡度分为≤2°、2°—6°、6°—15°、15°—25°、>25°五个等级，并根据坡度越大越难以进行村镇、旅游设施扩张的原则进行阻力系数的赋值（表4-8）。

### 4.5.4 村镇扩张"源汇"格局

经模型计算，研究区内村镇扩张累计阻力空间分布总体呈现出以东部镇区、林屋等区域，西南部堂里和震星为低阻力核心区域，逐渐向中

表 4-8  基于风险预警的"汇"阻力面赋值及权重

| 阻力面 / 影响因素 | 子分类 | 旅游侵扰 | | | | 村镇扩张 | |
| | | 基于景源 | | 基于道路 | | | |
| | | 阻力系数 | 权重（w） | 阻力系数 | 权重（w） | 阻力系数 | 权重（w） |
|---|---|---|---|---|---|---|---|
| 土地利用类型 | 传统果林 | 9 | | 9 | | 9 | |
| | 现代果林 | 7 | | 7 | | 7 | |
| | 水塘或鱼塘 | 4 | | 4 | | 4 | |
| | 河道水系 | 6 | | 6 | | 6 | |
| | 草地 | 3 | | 3 | | 3 | |
| | 林地 | 6 | | 6 | | 6 | |
| | 传统聚落或建筑 | 2 | 0.067 8 | 2 | 0.082 1 | 2 | 0.077 9 |
| | 非传统聚落或建筑 | 1 | | 1 | | 1 | |
| | 传统公共空间 | 2 | | 2 | | 2 | |
| | 现代公共空间 | 2 | | 2 | | 2 | |
| | 现代商业用地 | 1 | | 1 | | 1 | |
| | 传统道路 | — | | — | | — | |
| | 现代道路 | — | | — | | — | |
| 到道路的距离（m） | ≤ 30 | 1 | | — | | 1 | |
| | 30—60 | 3 | | — | | 3 | |
| | 60—90 | 5 | 0.299 6 | — | | 5 | 0.573 2 |
| | 90—120 | 7 | | — | | 7 | |
| | > 120 | 9 | | — | | 9 | |
| 到湖面的距离（m） | ≤ 30 | 1 | | 1 | | 1 | |
| | 30—60 | 3 | | 3 | | 3 | |
| | 60—90 | 5 | 0.163 2 | 5 | 0.683 5 | 5 | 0.2539 |
| | 90—120 | 7 | | 7 | | 7 | |
| | > 120 | 9 | | 9 | | 9 | |
| 坡度（°） | ≤ 2 | 1 | | 1 | | 1 | |
| | 2—6 | 3 | | 3 | | 3 | |
| | 6—15 | 5 | 0.469 4 | 5 | 0.234 4 | 5 | 0.0950 |
| | 15—25 | 7 | | 7 | | 7 | |
| | > 25 | 9 | | 9 | | 9 | |

央山体区域阻力不断攀升的圈层结构模式。其中，低阻力值主要分布在金庭镇区、林屋和震星等地；高阻力值主要分布在以西山国家森林公园、缥缈峰、馒头山为中心的周边范围；中等阻力值主要围绕高阻力区域呈现带状分布态势。这充分说明村镇空间的潜在拓展规律是首先应克服低阻力用地，其后逐渐克服高阻力用地，进而达到建设用地拓展与生态用地阻碍相互竞争协调的过程（图4-12）。分析其原因有以下三点：

①沿湖区域具有明显的廊道效应。湖面具有较强的牵引力，累计阻力较小，环绕西山岛形成中低等阻力区域廊道。

②高坡度山体区域为村镇用地的高度不适宜区域，其所在区域的累计阻力远高于周围，成为阻力面突起的"孤峰"。

③村落作为镇区扩展用地的"踏板"，在阻力面上起到降低累计阻力的作用，东部镇区扩张源地通过周边村落有"吞噬"整个西山东部区域的潜在风险。

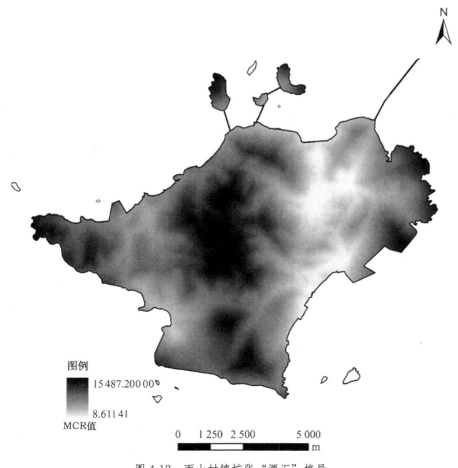

图 4-12　西山村镇扩张"源汇"格局

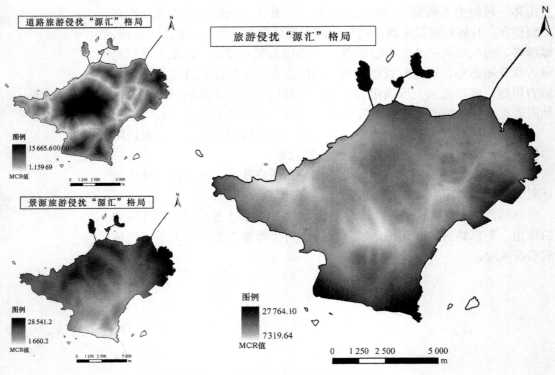

图 4-13　西山旅游侵扰"源汇"格局

### 4.5.5　旅游侵扰"源汇"格局

经计算：①道路旅游侵扰累计阻力值的空间分布总体呈现出以环岛道路、环中央山体道路和镇区道路低累计阻力线状区域向周边用地扩展的网状结构；②景源旅游侵扰累计积阻力值的空间分布总体呈现出以历史文化名村明月湾、重要景点石公山为核心向北部山体区域逐渐下降的圈层结构，呈现"火焰式"上升的潜在侵扰模式（图 4-13）。

将"景源"和"道路"旅游侵扰格局按相应权重叠合得到旅游侵扰"源汇"格局。从图 4-13 可以看出，几个较低累计阻力区域分布在林屋、东西蔡、堂里、衙角里等村镇、道路密集区；由于景点和各级道路在西山广布，中高、中低累计阻力区域占领大部分西山除北、东、南沿岸的大部分区域；高阻力范围分布在北、东、南岸线以及附属岛屿区域。

### 4.6　风险预警"源汇"格局

将村镇扩张、旅游侵扰"源汇"格局按照相应权重叠合，得到西山传统乡村地域文化景观风险预警"源汇"格局（图 4-14）。

计算结果为：①低累计阻力区，即较高风险区域分布在东北部镇区以及环中央山体公路、村落密集区周围，并在北部、南部沿湖岸带呈现连绵状分布。②高累计阻力区，即低风险等级区主要分布在东北部扇子山、豹虎顶、渡渚山、沿湖现代农业园，南部馒头山、消夏湾一带，西部平龙山、石屋顶区域；低风险区有两处，即中央山体缥缈峰周边和西北部元山废弃采石场周边。③中等累计阻力区，即中等风险等级区域呈现出在低阻力区域和高阻力区域间的圈层带状分布。

分析其缘由：①镇区、村落密集区、环山道路周边地形平坦地是潜在风险较高区域。尤其是镇区，它是商业、旅游设施集中分布的片区，是对西山地区传统乡村地域文化景观潜在干扰等级最强、面积最大的区域。②受"到湖面的距离"指标影响，西山东南部、西北部环太湖沿岸，尤其是靠近主要湖湾村落旅游点区域是高风险区。③受坡度等因素影响，中低及低风险区主要为山体部分，不宜转化为城镇建设和旅游开发地。④唯一地势较为平坦、风险较低区域为消夏湾西北部片区，目前为大片草地、果林混杂片区，有待进一步利用。

总的来说，风险预警"源汇"格局即村镇扩张、旅游侵扰"源"克服不同类型、强度的"汇"所呈现出的不同阻力等级分布图，基本反映了西山各空间片区受到此两类风险侵扰的强度级别与分布范围。

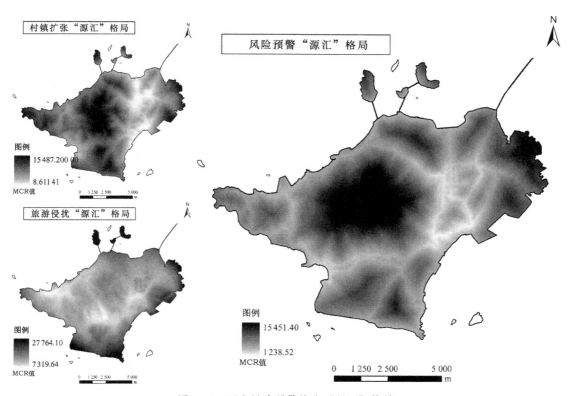

图 4-14 西山风险预警综合"源汇"格局

需要说明的是，风险预警"源汇"格局的阻力数值、风险等级与传统乡村地域文化景观的保护等级并没有正反向关系。受风险强度最高或最低的区域并不一定是需要着重保护的片区，保护与开发的等级与策略需要将本章风险预警格局与上一章的生态／人文景观系统存续格局相叠合，划定安全等级与相关区域，形成完整、系统的西山传统乡村地域文化景观之导控途径。

## 4.7　本章小结

本章在识别西山传统乡村地域文化景观所受风险类型的基础上，筛选和辨识了"村镇扩张""旅游侵扰"两类关键"风险源"和其相应的源地类别与分布范围；分析此两类源地的扩张规律与阻力"汇"的类型和强度，构建风险预警"源汇"格局。研究发现，通过风险预警"源汇"格局能够判别风险源地在不同区域的扩张阻力等级与强度分布。

此外，乡村地区影响地域文化景观的因素众多，随着管理、政策、时间等因素的变化而不断改变，风险源地的位置、强度也在不断改变和迁移。因此风险预警"源汇"格局的建构，需在风险预警的逻辑框架下对研究地区实施定期、不定期的探访和监测，及时发现新的类别、位置的风险源地，从而更新风险预警的空间格局，与系统存续格局和各类型规划相叠合，共同形成长效的传统乡村地域文化景观导控途径。

**第 4 章注释**

① 据《西山镇志》记载，1984 年在石公山景区东面修建了有床位 100 余个的石公山庄；1985 年石公乡供销社在镇夏建起了 1 900 m²、170 个床位的京夏饭店；1987 年在镇夏建成上海市总工会洞庭西山休养院、西山招待所等旅游饭店；1987 年，占地 45 亩的上海总工会洞庭西山休养院开张；1995 年占地 50 余亩的石公山附近的银湖山庄开张。

② 以《旅游资源分类、调查与评价》(GB/T 18972—2003)为评价依据，西山被评特级景源 1 个，一级景源 11 个，二级景源 10 个，三级景源 73 个，四级景源 23 个。

**第 4 章参考文献**

[ 1 ] 潘莹,罗雪,冷泠,等.历史文化村镇外部空间保护预警系统研究——以历史文化名镇李庄为例[J].西安建筑科技大学学报(自然科学版),2012,44(5):657-664.

[ 2 ] 赵在绪,周铁军,张亚.山地传统村镇空间格局安全预警机制建设[J].规划师,2015(1):37-41.

[ 3 ] 刘钧.风险管理概论[M].北京:清华大学出版社,2008:37-39.

[ 4 ] 陈明,文仁树.鱼刺图法对城市景观环境的安全性评价初探[J].科技信息,2009(1):707-708.

[ 5 ] 杨俊宴,任焕蕊,胡明星.南京滨江新城的生态安全格局分析及空间策略[J].现代城市研究,2010,25(11):29-36.

[ 6 ] PAQUETTE S,DOMON G.Trends in rural landscape development and

sociodemographic recomposition in southern Quebec（Canada）［J］. Landscape &
Urban Planning，2001，55(4):215-238.

［ 7 ］樊勇吉.基于空间信息技术的太湖风景区（苏州吴中片区）村落景观格局演变研究[D].[硕士学位论文].南京:南京林业大学,2016.

［ 8 ］MARKS R. Conservation and community: the contradictions and ambiguities of tourism in the Stone Town of Zanzibar［J］. Habitat International，1996，20(2):265-278.

［ 9 ］MEDINA L K. Commoditizing culture : tourism and Maya identity［J］. Annals of Tourism Research，2003，30(2):353-368.

［10］马克·安托罗普.欧洲的景观变化和城市化进程[J].鲍梓婷,周剑云,译.国际城市规划,2015,30（3）:19-28.

［11］潘峰,唐晓岚,吴雷,等.基于 RS & GIS 的内湖岛屿湖域视景资源开发分析[J].水土保持通报,2017,37（3）:279-283,289.

**第 4 章图表来源**

图 4-1至 图 4-6 源自:笔者绘制.

图 4-7 源自:吕其伟. 太湖西山景区旅游商业设施布局研究［D］.［硕士学位论文］. 苏州:苏州科技学院,2009:37.

图 4-8 源自:笔者拍摄.

图 4-9 源自:吕其伟. 太湖西山景区旅游商业设施布局研究［D］.［硕士学位论文］. 苏州:苏州科技学院,2009:36.

图 4-10 至图 4-14 源自:笔者绘制.

表 4-1 至表 4-3 源自:笔者绘制.

表 4-4 源自:笔者根据《太湖风景名胜区西山景区总体规划》绘制.

表 4-5 至表 4-8 源自:笔者绘制.

# 5　基于"源汇"格局的乡村景观导控途径

　　从景观博弈的视角来看,乡村范围内各类型用地都在寻求其用地空间的最大化。自然、生态用地追求最大化的生态系统规模,以实现最高的生物多样性; 传统乡村用地需要最大限度地扩张以实现对自然资源的利用; 工商业、旅游用地亦需最大限度地扩张来实现区域经济的最快发展。不同的用地类型不断相互博弈、制约,呈现出动态的景观结构风貌。本章将在前两章研究的基础上,通过"正向的"文化景观系统存续和"负向的"文化景观风险预警两个"源汇"格局的交互叠合来探寻传统乡村地域文化景观之导控途径。

## 5.1　研究目标与内容

　　本章基于"系统存续—风险预警"正负双向逻辑,叠合生态/人文景观系统存续"源汇"格局与风险预警"源汇"格局,判定生态/人文景观保护的安全等级,以此划定生态/人文协同保护区、传统风貌协调带、产业集约发展区等区域类别。在保护传统乡村地域文化景观系统空间的基础上,兼顾地区的经济发展,提出良好的传统乡村地区可持续发展策略。主要研究内容有以下三个方面:

### 5.1.1　叠合方式的选择

　　正向"系统存续"、负向"风险预警"是一对对立、互嵌的景观格局,需选择科学有效的方式将其叠合。本章拟通过相同标准下两个景观格局在同一景观单元最小累计阻力值相减的叠合方式获得"正负双向"的"源汇"格局。

### 5.1.2　安全等级的判定

　　景观安全等级的判定是保护、控制及引导区域划定的基础。本书根据双格局叠合后的格点频率序列来划分安全等级,这也是目前较为普遍使用的空间适宜性等级划分手段[1-2]。通常来说,曲线的转折处较能反映阻力值的较大突变,两侧最小累计阻力类型异质性较大,可通过在变化曲线中较为明显的转折点进行空间划分，以确定景观安全等级[3-4]。

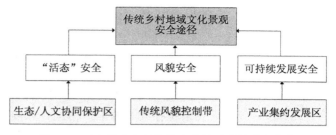

图 5-1 西山传统乡村地域文化景观导控途径构架

### 5.1.3 导控途径的提出

在分别划定"生态景观系统存续—风险预警"和"人文景观系统存续—风险预警"安全等级的基础上，结合西山传统乡村地域文化景观保护和发展的具体情况，将西山地区划分为生态/人文景观协同保护区、传统风貌控制带和产业集约发展区三大区块类型，构建"活态"安全、风貌安全、可持续发展安全三大安全体系（图 5-1），并对应相应的区划，提出保护、修复、控制及引导策略，旨在为政府和相关部门提供切实可行的依据和建设性意见。

## 5.2 安全等级划定

### 5.2.1 基于景观博弈过程的分区模型

"正向的"系统保护和"负向的"风险预警"源汇"格局展现的是一对相互博弈的景观过程。本章试图将以生态/人文系统存续、风险预警两个景观过程的最小累计阻力差值为基础的传统乡村地域文化景观导控途径用下式表示：

$$MCR_{生态/人文系统}差值 = MCR_{生态/人文系统存续} - MCR_{风险预警}$$

在图 5-2 中，$A$ 和 $B$ 分别表示村镇/旅游风险源地和生态/人文景观保护用地（系统保护源地）扩张斑块源；$P$ 和 $L$ 分别表示其相应的风险扩张最小累计阻力曲线、生态/人文景观系统保护最小累计阻力曲线；$C$ 表示两个过程最小累计阻力相等的像素单元。在 $BC$ 之间，风险扩张的"汇"阻力基面大于生态/人文景观系统保护的"汇"阻力基面，生态/人文风险源在此类区域扩张难度大，安全等级较高，在区域调控策略上倾向于生态/人文系统保护；反之，$AC$ 之间区域风险扩张难度小，保护难度较大，安全等级较低，在区域调控策略上更倾向于作为现代产业开发区域。

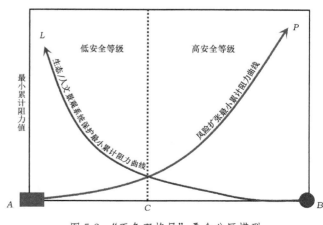

图 5-2 "正负双格局"叠合分区模型

### 5.2.2　安全等级范围划分

生态/人文景观的保护和调控措施有一定的差异性,需分别划定生态/人文景观的安全等级为后续科学区域的划分奠定基础。具体方法为基于上文(第3章、第4章)的生态景观系统存续"源汇"格局、人文景观系统存续"源汇"格局、风险预警"源汇"格局(图5-3、图5-4),分别用生态景观系统存续"源汇"格局、人文景观系统保护"源汇"格局的 MCR 值减去风险预警"源汇"格局的 MCR 值,并通过空间分析得到两种阻力的差值与面积曲线图(图5-5、图5-6)。

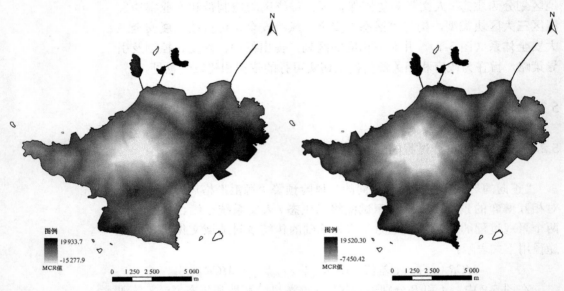

图5-3　生态系统存续—风险预警"源汇"格局　　　图5-4　人文系统存续—风险预警"源汇"格局

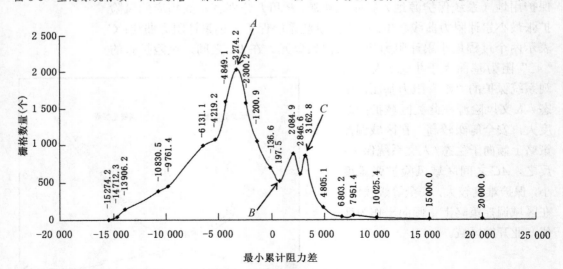

图5-5　生态景观安全最小累计阻力差值与栅格数量的关系
注:A,B,C 为 MCR 差值与面积曲线的突变点。

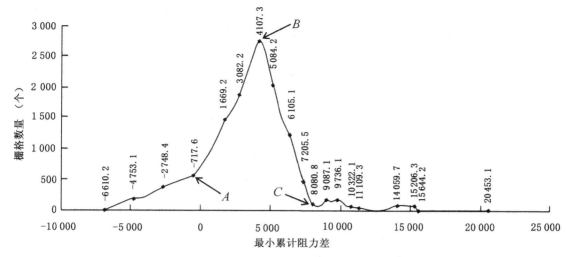

图 5-6　人文景观安全最小累计阻力差值与栅格数量的关系
注：A，B，C 为 MCR 差值与面积曲线的突变点。

区域划分由 MCR 差值与面积曲线的突变点来确定，当某类用地扩张穿越突变点时，突变点所在单元的阻碍或者刺激作用发生骤然变化，因而突变点前后的土地应归于不同的属性。可根据这些突变点对研究区域的生态／人文景观安全等级进行划定。

1）生态景观安全等级划定

根据图 5-5 中的分区区间对累计阻力差值表面进行重新分类，得到西山生态景观安全等级划分图（图 5-7）。①高安全等级范围面积为 11.98 km²，占研究区域面积的 13.96%，主要分布在西山的中央山体区域和南部潜龙岭、北部扇子山周围；②中高安全等级范围为 28.23 km²，占研究区域面积的 32.91%，其中三块带状区域以 1 000—2 000 m 宽度环状包围中央山体、扇子山和潜龙岭高安全等级区域，其余片区分布在北部太湖大桥渡渚山、东南部

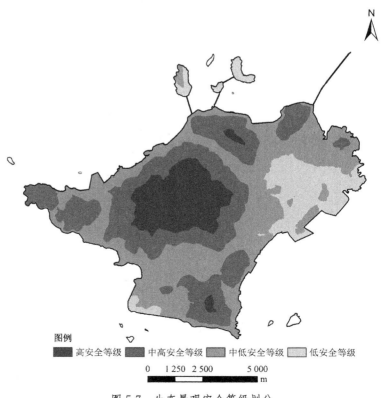

图例
■ 高安全等级　■ 中高安全等级　■ 中低安全等级　□ 低安全等级

0　1 250　2 500　　　　5 000
　　　　　　　　　　　m

图 5-7　生态景观安全等级划分

四龙山和西部平龙山、石屋顶区域；③中低安全等级区域范围为 34.54 km²，占研究区域面积的 40.26%，广布在海拔较低的区域，穿插在中高安全等级和低安全等级区域之间；④低安全等级范围为 11.04 km²，占研究区域面积的 12.87%，分布在东北部镇区、现代农业园、元山及北部附属岛屿区域。

总的来说，生态景观的高、中高等级范围包括西山生物多样性较高以及同时受村镇扩张、旅游侵扰潜在风险较大的区域；中低安全等级区域包括了大部分村落以及周围的林地、果园；低安全等级区域为已具有一定开发强度的土地，或者当前生态价值较低的用地类型。

2）人文景观安全等级划定

根据前图 5-6 中的分区区间对差值表面进行重新分类，得到西山人文景观安全等级结果（图 5-8）：①高安全等级范围面积为 12.49 km²，占研究区域面积的 14.56%，分布在西山的中央山体区域和东北部乌峰顶周围；②中高安全等级范围为 25.12 km²，占研究区域面积的 29.28%，其中两块区域以约 1 000 m 宽度环状包围高等级区域形成缓冲带，其余分

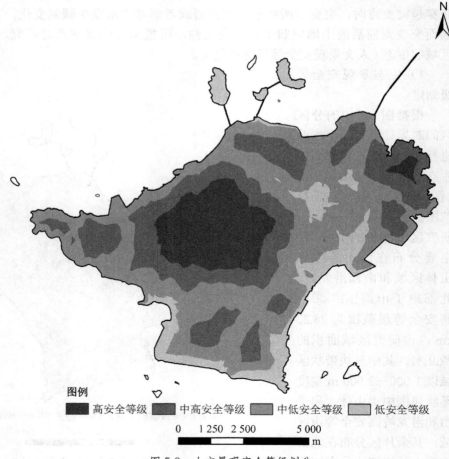

图例
■ 高安全等级　■ 中高安全等级　■ 中低安全等级　□ 低安全等级

0　1 250　2 500　　　5 000
m

图 5-8　人文景观安全等级划分

布在东部元山、大桥路两侧区域，北部扇子山、豹虎顶区域，西部平龙山、石屋顶区域，南部消夏湾、馒头山、石公村周边；③与生态景观安全等级类似，人文景观安全中低等级区域广泛分布在海拔较低的区域，穿插在中高安全等级和低安全等级区域之间，面积为 38.26 km²，占研究区域面积的 44.6%；④文化低安全等级范围面积为 9.92 km²，占研究区域面积的 11.56%，分布在东北部镇区、现代农业园（修复为"玄阳稻浪"）、林屋洞景区，南部沿湖岸线以及北部附属岛屿区域。

## 5.3 基于景观安全等级的"两区一带"导控策略

生态/人文景观安全等级中各层次空间交错分布，如果将生态/人文的"源汇"安全等级简单按照同等级叠加的方式进行片区划定会形成繁复、凌乱的空间层次（图 5-9）。

本章基于生态/人文景观安全等级，根据西山传统乡村地域文化景观的保护特点和可操作性等原则，尝试以下方式对西山区域进行划分：①根据较高安全等级生态/人文需协同保护的特性，将生态/人文高、中高等级区域合并，形成生态/人文景观系统协同保护区。需要说明的是，"源汇"格局并不强调将点状的高安全等级孤立保护，因而并没有将其单独划区。②生态/人文中低安全等级空间为传统风貌协调带，由于生态中低安全等级区域和人文高、中高等级区域会重合，反之亦是，因此需将生态/人文中低安全等级区域再减去生态/人文景观系统协同保护区范

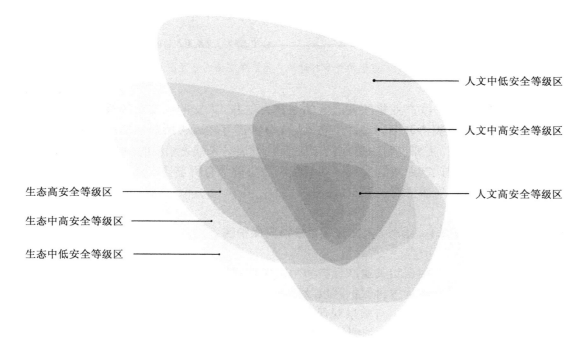

人文中低安全等级区

人文中高安全等级区

人文高安全等级区

生态高安全等级区

生态中高安全等级区

生态中低安全等级区

图 5-9　不同生态/人文安全等级互相叠合形成的凌乱空间层级

表 5-1　基于传统乡村地域文化景观安全的分区途径

| 综合叠合等级及区域重点 | 区域划分途径 |
|---|---|
| 生态/人文景观系统协同保护区 | 生态/人文高安全等级＋生态/人文中高安全等级 |
| 传统风貌协调带 | 生态/人文中低安全等级—生态/人文景观系统协同保护区范围 |
| 产业集约发展区 | ［生态低安全等级—（人文高、中高安全等级）］＋［人文低安全等级—（生态高、中高安全等级）］ |

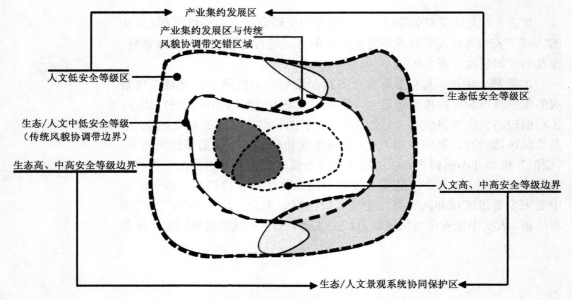

图 5-10　基于传统乡村地域文化景观安全的分区图示

围。③产业集约发展区的主体为生态/人文的低安全等级区域，与传统风貌协调带同理，生态/人文分区需互相减去所对应的高、中高等级区域。需要说明的是，由于产业集约发展区未减去相应的中低安全等级区域，因此产业集约发展区和传统风貌协调带有所重叠，此范围兼具发展产业与风貌协调（表 5-1，图 5-10）。

### 5.3.1　生态/人文景观系统协同保护区

根据相关遗产保护和生态保育规划，西山传统村落遗产保护主要以设立点状古村保护区以及"三区圈层"保护的方法实现，生态保育则主要通过划定自然景观保护区的办法实施，生态/人文保护范围在空间上存在着分离与割裂（图 5-11）。

生态/人文的协同保护是历史文化景观保护的有效方式，有利于原生生态、社会人居环境的可持续发展[5]。在西山地区，生态 / 人文景观系统协同保护区是地域文化景观存续的基础与根本，是生态 / 人文保护和生长的重点片区。生态 / 人文景观的高、中高安全等级区域具有较高的交错性和相邻性，根据协同保护规律、可行性原则，将研究区域的高、中高等级范围均作为生态 / 人文景观系统协同保护区范围（图 5-12、图 5-13）。

此外，生态 / 人文景观系统协同保护区并未将西山众多重点古村落

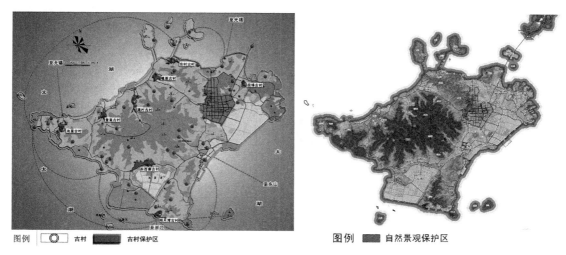

图 5-11 相互割裂的古村保护区和自然景观保育区

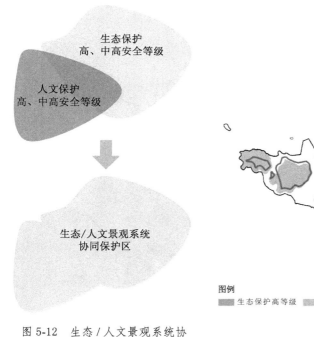

图 5-12 生态 / 人文景观系统协同保护区叠合方式

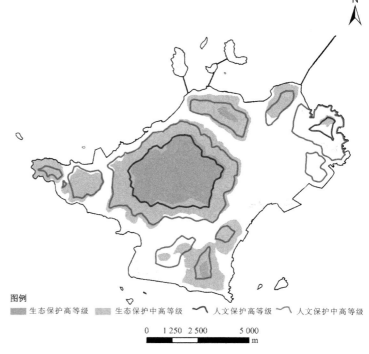

图 5-13 生态 / 人文高、中高等级区域分布

纳入，而是将这些村落周边重要的生态、生产用地纳入范围（图5-14、图5-15），这从一个侧面反映"源汇"导控途径并不以历史文化村镇遗产的静态保存为着重点，而是强调整个生态/人文景观系统的整体、活态保护。

1）子片区划分

生态/人文景观协同保护区下分五个子分区（图5-16，表5-2）：①以平龙山、石屋顶为生态本底，慈里等传统村落为生活空间，坡地果林为生产空间，禹王庙、天妃宫等为信仰空间的1号保护地；②以缥缈峰为首的中央山体为生态本底，堂里等传统村落为生活空间，坡地茶果林为生产空间，包山寺、花山寺、罗汉寺等为信仰空间的2号保护地；③以豹虎顶周边山体为生态本底，东村、植里等传统村落为生活空间，坡地果林为生产空间，实际寺等为信仰空间的3号保护地；④以渡渚山、元山、乌峰顶周边山体为生态本底，后埠、蒋东等传统村落为生活空间，坡地果林为生产空间（恢复），五老爷庙、侯王寺、柴庵、报忠寺等为信仰空间的4号保护地；⑤以馒头山、潜龙岭及周边山体为生态本底，明月湾、山东村等传统村落为生

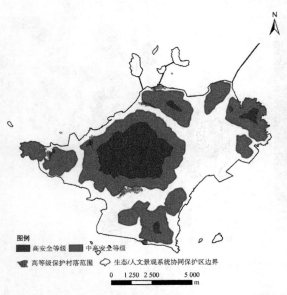

图5-14　生态/人文景观系统协同保护区与重点古村落

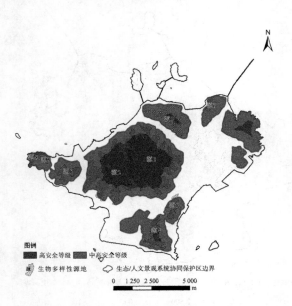

图5-15　生态/人文景观系统协同保护区与生物多样性源地

图5-16　生态/人文景观系统协同保护区子片区划分

表 5-2 生态／人文景观系统协同保护区子片区主要调控策略

| 片区名称 | 位置 | 主要调控策略 |
|---|---|---|
| 1号保护地 | 包括衙里、甪里和慈里传统村落及平龙山、石屋顶一带山体范围 | ①保持衙里、甪里、慈里等传统村落的整体格局，引导民居按照现有村落结构和肌理新建住房；②保护周边平龙山、马王山和石屋顶等的山水格局，将现状较好的林地划分为公益林；③严格控制旅游民宿比例，保留和定期维修甪庵等信仰场所；④鼓励劳动集约型坡地茶果种植，鼓励以家庭为单位的适度规模经营方式 |
| 2号保护地 | 包括以缥缈峰为中心，东湖山、白云山、四昆山、北门岭、小峰顶环绕的范围 | ①保持东西蔡、堂里、涵村、坞里等传统村落的传统格局，引导按照现有村落结构和肌理新建住房，严格控制旅游民宿比例，禁建大型建筑，拆除和搬迁外屠坞南侧区域大型旅游建筑；②保护以缥缈峰为中心，周边东湖山、白云山、四昆山、北门岭、小峰顶等的山水格局，保护西山国家森林公园生态环境；③保留和定期维修包山寺、罗汉寺、古樟寺、资庆寺、水月寺和花山寺，逐步恢复东湖寺、西湖寺、天王寺、上方寺和下方寺；④拆除外屠坞的大棚种植园，鼓励劳动集约型坡地果种植，鼓励以家庭为单位的适度规模经营方式 |
| 3号保护地 | 包括东村、植里等传统村落以及豹虎顶一带山体 | ①保持东村、植里等传统村落格局，引导按照现有村落结构和肌理新建住房；②保护周边扇子山、豹虎顶等的山水格局，将现状较好的林地划分为公益林；③严格控制旅游民宿比例，保留和定期维修圣堂寺、实际寺；④鼓励劳动集约型坡地茶果种植和以家庭为单位的适度规模经营方式 |
| 4号保护地 | 包括后埠、蒋东等传统村落及渡渚山、元山一带山体 | ①保持后埠、蒋东等传统村落格局，引导按照现有村落结构和肌理新建住房；②修复乌峰顶周边山体，逐步拆除范围内散布的别墅、厂房、生态科技园；③优先恢复五老爷庙，逐步恢复文华寺、报忠寺、侯王寺等信仰空间；④复兴精耕细作传统的劳动集约型农业，鼓励种植水稻、油菜等作物 |
| 5号保护地 | 包括明月湾、山东村等传统村落及馒头山、四龙山一带山体和消夏湾北部区域 | ①保持明月湾、山东村等传统村落格局，引导按照现有村落结构和肌理新建住房；②保护周边馒头山、四龙山、潜龙岭等的山水格局，将现状较好的林地划分为公益林；③严格控制旅游民宿比例，尤其是明月湾村区域；④保留和定期维修石佛寺；⑤恢复消夏湾北部区域湿地农业种植，山体区域鼓励劳动集约型坡地茶果种植，允许以家庭为单位的适度规模经营方式 |

活空间，坡地果林为生产空间（恢复），明月寺、石佛寺等为信仰空间的5号保护地。

　　2）保护及调控措施

　　生态／人文景观系统协同保护区的保护目标不是简单地保留几座山头、几块耕地、几片树林、几簇聚落的固化风貌，而是在保持区域内空间结构和肌理的基础上，重点关注其内在源地的动力和景观要素之间的物质与文化流动，兼顾生态、人文、物质、非物质景观的相互依存与作用，承担保护传统乡村的系统运行机制，以构成活态的乡村生活场（图5-17、

图 5-17　元山周边逐渐衰落的传统村落　　　　图 5-18　石公山景点周边过度商业化的村落

图 5-18）。主要保护及调控措施有以下三点：

（1）生态性景观。①定期对协同保护区内水质、森林植被健康状态、动植物繁衍生息等生态链的每个环节实施检查与监测，禁止采石等破坏山体的活动，保证生态系统的健康持续发展；②鉴于该区主要为丘陵地貌特点，需要在陡坡地加强防护林、风景林、水土涵养林的栽植，提高生态景观的稳定性，预防可能出现的水土流失等生态问题。

（2）生产性景观。区域内包括大量的坡地茶果园等农业生产景观，与传统村落形成了共生的生产空间。①严格保护生产性活动所依赖的场所，如坡地果林、鱼塘等，划定合理的保护边界，形成严格的保护机制；②鼓励精耕细作的种植形式，在区域内消夏湾北部一带优先恢复乡土湿地农业；③生产性景观是可持续发展的景观类型，可采取政府主导、村民主体、企业参与、市场化运作等方式，如农民签署相关协议，采取以家庭为单位的适度规模经营制度，同时复兴传统农耕技术和传统工艺。

（3）生活和信仰性景观。①在保护和修复原有传统建筑的基础上，引导按照现有村落结构、肌理和风貌新建少量住房；②保护和定期维修现有信仰空间，按信仰源地等级从高到低的顺序，在原址对损毁宗教信仰场所进行优先修复；③传统村落周边禁止修建大型旅游度假项目，可适当建设小型旅游服务设施。

需要说明的是，信仰性景观属于精神、行为类景观范畴。民间信仰在西山有着深厚的群众基础，需抓准其文化意涵的源头，采取市场调节与政府立项的维护、修复和重建方式进行保护，并注重孕育这一景观形式的文化环境保护。

### 5.3.2　传统风貌协调带

在最小累计阻力模型（MCR）构建的景观格局中，高安全等级区域和低安全等级区域往往呈现岛屿状分布，中等水平的安全格局则通常呈现带状网络蔓延[6-7]。

通过景观廊道的形式强化斑块间的联系，形成包含关键节点和网络廊道的稳定空间架构，是系统性保护乡村地域文化景观的关键[8-9]。在西山，基于"源汇"格局的生态/人文景观中低安全等级呈现为若干条带状区域，传统风貌协调带以"生态中低安全等级区域"和"人文中低安全等级区域"为主体，其中去除生态/人文景观系统协同保护区范围（图5-19）。

传统乡村地域文化景观蕴含着当地居民的生存智慧和"有意味的形式"[10]。传统风貌协调带应基于鲜明的传统地域文化景观特色，保留传统乡村地区长时期历史演化而来的、与自然相互协调共生的肌理与景观特征，保护视觉多样性、自然性和地域性，并突出自然、文化和历史价值，以保持西山整体乡村地域风貌的特色性、系统性和完整性。

现代交通廊道在区域景观结构中具有积极意义，并具有景观引导和景观过渡的功能，对其风貌整治能够快速有效地实现传统文化景观斑块的连通[11-12]。从图5-20中可以发现，西山传统风貌协调带和现有村镇公路，尤其是现代道路具有极高的重叠性，风貌协调带的设立对旅游沿线景观风貌的改善具有重要作用。在此区域，道路周边的景观风貌整治是重点，通过对道路本身的景观改造和道路两侧可视范围内村落、建筑物进行适当的景观整治与塑造，展示传统的文化景观符号，以形成区域性的景观纽带[13]（表5-3）。

传统风貌协调带覆盖了大量的坡地茶果生产景观和村镇建筑集中区，

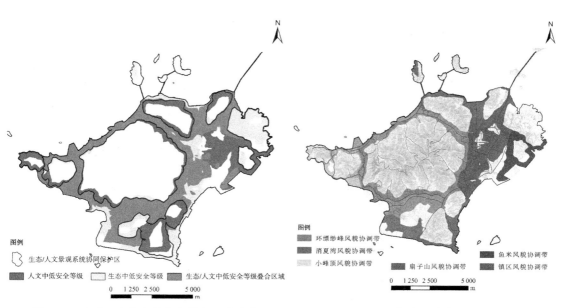

图 5-19　生态/人文中低安全等级区域分布　　　　　图 5-20　传统风貌协调带分区

表 5-3　传统风貌协调带主要调控策略

| 名称 | 位置 | 主要调控策略 |
| --- | --- | --- |
| 环缥缈峰风貌协调带 | 缥缈峰环路南段、西段、北段，梅园路环状范围 | ①延续区域内东西蔡、梅益、里屠、外屠等传统村落景观风貌，控制建筑高度、体量、色彩等要素；②保护原生山体植被，适当补植乡土树种；③划定山脚茶果种植区，禁止开垦农田；④控制观音寺传统风貌，禁止开山修建大型庙堂 |
| 消夏湾风貌协调带 | 东北以太湖源为起点向南延伸至石公山，石公路南段，以及消夏湾南部带状区域，西至牛仔乡村俱乐部 | ①延续谢家堡村等传统村落景观风貌，控制建筑高度、体量、色彩等要素，调整太湖源等现代社区建筑风貌，允许一定数量的旅游设施修建；②保护原生山体植被，适当补植乡土树种；③拆除或搬迁牛仔乡村俱乐部、水上乐园等不协调的娱乐场地，丰富区域内消夏湾湿地鱼塘肌理，并引导一部分鱼塘调整为荷塘种植，划定山脚茶果种植区，禁止开垦农田；④控制明月寺传统风貌，并定期修复 |
| 小峰顶风貌协调带 | 环岛公路西段、缥缈峰公路西段围合的环状空间范围 | ①延续前河、衙里等传统村落景观风貌，控制建筑高度、体量、色彩等要素，允许一定数量的旅游设施修建；②保护原生山体植被，适当补植乡土树种；③划定山脚茶果种植区，禁止开垦农田 |
| 扇子山风貌协调带 | 缥缈峰公路北段、东园公路周边镇区北部包围豹虎顶、扇子山的区域，以及横山岛部分区域 | ①延续东村、金锋村传统村落景观风貌，控制建筑高度、体量、色彩等要素，搬迁区域东部制衣厂、水产厂等厂房，调整幸福家园等现代社区建筑风貌，允许一定数量的旅游设施修建；②保护原生山体植被，适当补植乡土树种；③划定山脚茶果种植区，丰富区域东部现代果林肌理；④保留和定期维修实际寺、圣堂寺 |
| 镇区风貌协调带 | 镇区及镇区南北延伸部分，北至大桥、南至林屋洞、东至原战备圩、西至缥缈峰公路东段 | ①建筑风貌统一，模仿传统村落肌理，控制高度、体量、色彩等要素，搬迁区域内木器加工厂、材料厂等厂房，调整金庭乐府等现代社区建筑风貌，禁止修建规则式现代别墅，允许一定数量的旅游设施修建；②保护原生山体植被，适当补植乡土树种；③逐步恢复福源寺、报忠寺、草庵 |
| 鱼米风貌协调带 | 主体为原战备圩区域，北至元山村南侧、南至居山北端、西至镇区、东至太湖 | ①建筑风貌统一，模仿传统村落肌理，控制高度、体量、色彩等要素；②结合恢复"玄阳稻浪"，在现有农业园基础上整合地块，扩大地块面积，形成作物种类不多、相互交织的景观斑块的农田镶嵌体；③修复北部元山原采石场植被，划定山脚茶果种植区，丰富区域东部现代果林肌理；④优先恢复五老爷庙 |

应注意保留乡村地区重要的地域识别要素，其生产景观和建筑景观是风貌调控的关键部分。

1）生产性景观风貌调控

生产性景观是西山传统乡村的主体。过去，村民遵循人性化尺度对鱼塘、耕地、果园等生产地进行划分，形成了优美、丰富的生产性景观风貌（图 5-21）。

生产性景观风貌调控的目标是对区内传统农业生产方式的保护，维护农田内不同作物造成的色彩和肌理变化，保证一定的农田斑块异质性[14]。可通过在传统风貌协调带内，鼓励种植各种面积的多元化农业产区，保留茶果混栽的传统生产模式，鼓励栽植不同大小、色彩、形状的作物，保护不规则的鱼塘、荷塘等湿地边界，以达到控制和保持区内的景观风貌和视觉质量的目的。

2）建筑景观风貌调控

西山新建有大量成规模的新型宅地与社区。在传统风貌协调带内，既有大规模开发的新型别墅区，也出现许多由政府主导规划和建设的新农村集中社区；既有生搬硬套的"欧式"风格，也有千篇一律的"现代式"建筑风格。整体建筑风貌无序、混杂（图5-22）。

可根据不同的建筑类型进行调控和整治：①传统民居一般为1—2层建筑，可在尽量维持原有样式的前提下进行更新，在建筑细部的处理上应重点突出江南地方特色；②对于居民自行建造的风貌不协调建筑，可针对建筑形式、外墙装饰及颜色等方面进行调整；③"欧式"和"现代式"建筑应使建筑材料、色彩、屋顶形式与传统建筑相结合，力求与周围环境相统一、融合，沿路建筑亦可通过传统风貌围墙遮挡的方式临时控制

图5-21　西山多样性较高的生产性景观

图5-22　传统风貌协调带内的"欧式"与"现代式"建筑

表 5-4　传统风貌协调带内建筑景观主要调控措施

| 建筑类型 | 具体描述 | 主要措施 |
|---|---|---|
| 传统民居 | 维护与传统民居或风貌较为相符的建筑 | 在尽量维持原有样式的前提下进行更新；建筑细部突出地方特色；对于村落中居民自行拆旧建新造成建筑、景观混乱的建筑，可针对建筑形式、外墙装饰及颜色等方面进行调整 |
| 新式建筑 | 一般性"现代式"建筑、"欧式"建筑 | 使建筑材料、色彩、屋顶形式与传统建筑相结合，力求与周围环境相统一、融合，沿路通过传统风貌围墙遮挡 |
| | 难以整改的居住区、"欧式"等其他风格建筑、高度超过限高的建筑 | 拆除范围内质量较差或影响整体风貌的现代建筑 |

图 5-23　建筑细节风貌控制及引导图示

风貌；④质量较差、难以整改的"欧式"等其他风格建筑、高度超过限高的建筑，可制订计划逐步拆除（表 5-4）。

在具体形式上，传统风貌协调带内的建筑形式应借鉴江南传统民居，建筑色彩以灰色、白色、黑色及木材色为主；屋顶统一用青色或黑色，外墙以白色和灰色为主；建筑材料应因地制宜、就地取材，以钢筋混凝土为框架，辅以青砖、青瓦、石、木等材料（图 5-23）。

### 5.3.3　产业集约发展区

工业、旅游业等现代化产业的发展是西山融入现代社会的必经途径。

作为内湖岛屿，西山用地局促紧张，无法向外扩张，因此面积有限的产业集约发展区应作为承载全镇主要开发建设活动的重点区域，并成为农业经济、旅游业及部分非污染型轻工业发展的重点区块。

一方面，产业集约发展区可承接由生态／人文景观系统协同保护区中搬迁出的大型工商业、大型旅游度假区、现代农业园区等功能设施与建设类型；同时可增加配套绿色旅游服务设施，重点是开发与发展旅游业、现代服务业和其他相关农业加工产业。此外还应注意保护发展区内的点状文物及文物保护单位。

根据区域划分方式（上文第5.3节），产业集约发展区的范围为将生态／人文低安全等级区域（图5-24、图5-25），减去生态／人文高和中高安全等级区域（即生态／人文景观系统协同保护区）（图5-26）再合并得到。此外，产业集约发展区的范围与传统风貌协调带有交集，交合部分为产业集约发展区中风貌重点控制片区（图5-27）。

根据地理分布和区域特色，产业集约发展区可分为岛东综合发展区、岛南旅游集散带和岛北旅游集散区三大片区（表5-5）：①岛东综合发展区位于镇区、原战备圩至林屋洞片区，地势平坦，可结合现有镇区主要发展大型工商业、大型旅游配套和现代农业园；②岛南旅游集散带北至居山，沿石公山、消夏湾、绮里绵延至岛东南岸线，可依托岸线发展旅游度假区，但需注意对紧靠区域的历史文化名村明月湾村的影响；③岛北旅游集散区位于西山北部横山岛、大干山、阴山岛及与岛屿相对的主岛北部沿岸地带，可基于附属岛屿湖光风貌和村落发展小型岛屿及湖岸线旅游度假产业。

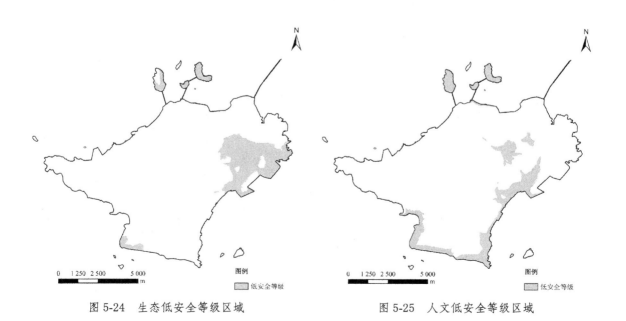

图 5-24　生态低安全等级区域　　　　　　图 5-25　人文低安全等级区域

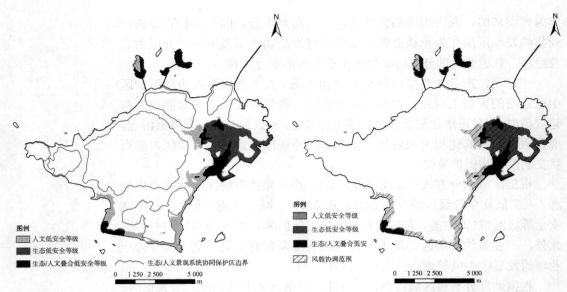

图 5-26　生态／人文低安全等级区域与生态／人文　　　图 5-27　产业集约发展区风貌协调范围示意
景观系统协同保护区

表 5-5　产业集约发展区主要调控策略

| 区域名称 | 位置 | 主要功能 | 主要发展策略 |
|---|---|---|---|
| 岛东综合发展区 | 镇区、原战备圩—林屋洞片区 | 大型工商业、大型旅游配套、现代农业园 | ①搬迁污染型制造业，发展果品加工产业；②发展聚集型商业及旅游配套产业；③引导大型现代农产业园在此区域发展；④加强现代农产业集约发展，发展农产品加工业 |
| 岛南旅游集散带 | 居山—石公山—消夏湾—绮里沿太湖区域 | 岸线旅游度假区 | ①坚持生态旅游原则，在保护生态的前提下发展湖岸沿线旅游；②开发岛南湖景沿线度假区；③引导修建大型旅游设施，集约式开发 |
| 岛北旅游集散区 | 横山岛、大干山、阴山岛及对岸主岛北部沿岸地带 | 岛屿、湖岸线旅游度假重点区域 | ①坚持生态旅游原则，在保护生态的前提下发展湖岸沿线旅游；②引导修建较大型旅游设施，集约式开发；③发展附属岛屿旅游度假区 |

1）岛东综合发展区

岛东综合发展区位于镇区及东部、南部区域，应加强镇区等综合性农村居民地的功能。总体上，可依托原有镇区增加居民集聚，强化现代城镇服务功能，将不适合协同保护区的产业搬迁至此，减少西山地区现代景观斑块对传统景观空间的干扰。

按照生态／人文保护等级，岛东综合发展区分为生态低安全等级、人文低安全等级及生态／人文叠合低安全等级区域，叠合现状用地分为五个区域（图 5-28）。

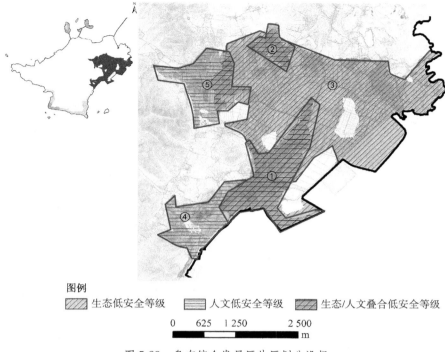

图例

▨ 生态低安全等级　▦ 人文低安全等级　▨ 生态/人文叠合低安全等级

0　625　1 250　　　　2 500
　　　　　　　　　　m

图 5-28　岛东综合发展区片区划分设想

第 1 区、第 2 区（生态 / 人文叠合低安全等级范围）为工商业发展区，应优先集约发展果品加工、茶叶加工等能与西山特色农业配套的优势产业。突出特色资源开发，积极扶持有地方特色的传统手工业的发展，如苏绣、旅游纪念品以及地方特色食品的加工业等。

第 3 区（生态低安全等级、人文较高等级区域）可在保护传统风貌的基础上发展农业观光旅游，促进旅游相关产品的开发，以发展高科技示范农业和推广农业为方向，包括示范果园、示范水产养殖基地、示范花卉区、示范蔬菜基地等。在示范基础上进行推广，并发展相应的高科技加工业。发展都市型农业，与观光、休闲相结合，提高农业附加值，加强区域吸引力。此外，金庭镇区所在的第 3 区是西山重要的生活旅游购物、休闲娱乐活动区，可通过集约化发展商业，逐步改善岛内当前商业较为分散、大型商业中心较为匮乏的现状。

第 4 区、第 5 区（以人文低安全等级、生态较高等级区域为主）需在保护生态本底的基础上，优先发展绿色产业，高效利用现有的土地资源。可将生态 / 人文景观系统协同保护区中的大型农产业园搬迁至此，发展高效率的果蔬种植和淡水养殖业态，形成组团式的发展模式，构成果林、稻田、水塘复合发展的集群化现代农业景观。此外，现代化的农作物种植、农产品生产方式可与农业展示相结合，形成集种植植物展示、栽培技术展示、科普教育、农业观光等功能等于一体的现代农业园区（图 5-29、图 5-30）。

图 5-29 西山平原集约型农业

图 5-30 西山山体观光型农业

图例

▨ 人文低安全等级    ▨ 生态/人文叠合低安全等级

0　625　1 250　　　2 500
　　　　　　　　　　m

图 5-31 岛南旅游集散带划分设想

2）岛南旅游集散带

作为湖泊内岛，沿湖区域的度假、旅游、观光是地域特色展示的最佳方式之一，在保护水陆交接带生态本底的基础上，可在生态/人文较低安全等级区域优先发展集约型旅游业。岛南旅游集散带位于岛南居山、石公山、消夏湾以及绮里滨湖区域，是西山南部生态/人文较低安全等级区域，在保护明月湾等传统村落生态/人文景观系统的基础上，加强区域的旅游集散功能，挖掘土地结构性潜力，促进区域土地利用功能的提升。

按照生态/人文保护等级，岛南旅游集散带覆盖人文低安全等级和生态/人文叠合低安全等级区域，叠合现状用地可分为三个子片区（图5-31）。

第 1 区范围主体为岛东南的带状区域，宽度为 200—1 500 m，为人文低安全等级区域。区块周围山体林地较多，目前已修建西山宾馆、明月湾山庄、涵园国际俱乐部等大型旅游配套设施。结合当前现状，可在保护山体和自然风貌的前提下扩展宾馆、度假村等旅游服务设施，加强旅游集散功能。

第 2 区位于岛南侧明月湾以西，包括消夏湾西南部带状区域，宽度为 300—650 m，可结合消夏湾"消夏渔歌"荷塘湿地恢复发展滨湖度假观光，并在西南角生态/人文叠合低安全等级区域修建大型度假建筑等旅游设施。

第 3 区位于消夏湾西北侧岸线，宽度为 250—700 m，现状主要是牛仔乡村俱乐部、水上乐园等娱乐项目，建议迁移目前外来、粗放的旅游模式，将其更新为集约型旅游地，加强符合西山特色的宾馆、度假村的引进。需要注意的是，本区块除第2区西南段为非传统风貌协调带范围，其他区域均在传统风貌协调带红线范围，因此需加强风貌协调，尤其是靠近历史文化名村明月湾村的周边区域更应严格管控（参照本书第5.3.2节"传统风貌协调带"）。

3）岛北旅游集散区

附属岛屿旅游是西山乡村旅游的重要特色之一。目前西山星级度假酒店主要分布在镇区以及明月湾、镇夏、堂里等景区，其他传统村落主要以零散农家饭店、旅馆的形式接待游客。岛北旅游集散区主体为西山北部生态/人文较低安全等级区域，可以附属岛屿度假与餐饮聚集作为产业发展方向。将安全等级叠合现状用地类型，岛北旅游集散区可分为三个区域（图5-32）。

第1区的主体为历史文化名村东村北部、环岛公路南部凤凰山周边区域，进深较窄，为20—200 m，可结合目前的西山太湖营地度假村和环岛公路周边农家乐，在保护留存凤凰山体和水陆交接带的前提下，增设观湖宾馆、度假村等旅游服务设施。

第2区主体为横山岛，面积约为0.8 km²；第3区为阴山岛和大干山串联区域，阴山岛和大干山面积分别约为0.7 km²、0.1 km²。除横山岛西北部坡度较大的果林种植区为人文低安全等级区域，第2区、第3区其余范围为生态/人文叠合低安全等级区域。目前两区三岛主要以农家宾馆、餐饮为主，可在保护山体植被的基础上引进高端度假村和大型餐饮配套，以服务岛北游客。还需注意的是，该片区缓坡山体较多，水陆岸线绵长，并有一定数量的传统村落分布，在旅游开发过程中，应注意对生态、传统建筑的保护。

旅游业是当前西山经济发展的重要支柱产业。在三个产业集约发展子片区中，岛南旅游集散带和岛北旅游集散区均以旅游开发为依托。在旅游设施的建设过程中，应注意考虑与现有的旅游项目充分结合，实现功能上的互补、空间上的衔接。同时，旅游地还需实施土地利用结构调整，并置换其他产业用地，从而提高整个区域的土地集约利用水平。

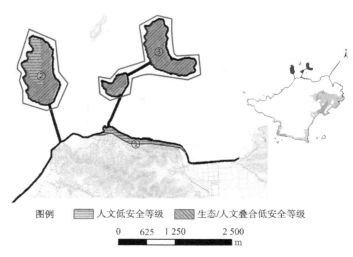

图例 ▨ 人文低安全等级  ▨ 生态/人文叠合低安全等级

0    625  1 250         2 500
　　　　　　　　　　　　　　 m

图5-32 岛北旅游集散区划分设想

## 5.4 本章小结

本章在第 3—4 章的基础上，通过叠合"正向"的生态/人文系统存续格局和"负向"的风险预警"源汇"格局，并以此划定生态/人文景观安全等级。将西山划分为以高、中高安全等级区域为主体的"生态/人文景观系统协同保护区"，中低安全等级为主体的传统风貌协调带，以及低安全等级为主体的产业集约发展区，并提出相应的景观保护和调控策略。

研究发现，"源汇"格局在镇域尺度下有较强的相容性和可行性，不仅在景观生态过程的模拟上能发挥重要作用，在文化景观的过程推导和分区保护中也能够具备较强的适用性。在西山的实证过程中，正负双向的"源汇"格局试图在传统乡村地域文化景观保护和现代城镇、旅游发展的矛盾体中找到折中的、可持续发展的空间临界位。

目前，"源汇"格局在文化景观领域的研究处于理论的初步构建阶段。未来，希望基于过程性、动态性为主导的"源汇"格局理论能够在不同尺度、不同地域以及不同文化背景和发展状况的传统景观区域进行更广泛的研究，更深入地了解、运用、推导和实证"源汇"景观的适用性和扩展性，并在文化景观网络系统建构、遗产廊道活态保护等方面发挥重要作用。

**第 5 章参考文献**

[ 1 ] YU K J, LI D H, DUAN T W. Landscape approaches in biodiversity conservation[J]. Chinese Biodiversity, 1998, 6(3):205-212.

[ 2 ] JIHONG L I, LIU X. Research of the nature reserve zonation based on the least-coast distance model [J]. Journal of Natural Resources, 2006, 21(2):217-224.

[ 3 ] 刘孝富, 舒俭民, 张林波. 最小累积阻力模型在城市土地生态适宜性评价中的应用——以厦门为例[J]. 生态学报, 2010, 30(2):421-428.

[ 4 ] 王琦, 付梦娣, 魏来, 等. 基于源—汇理论和最小累积阻力模型的城市生态安全格局构建——以安徽省宁国市为例[J]. 环境科学学报, 2016, 36(12):4546-4554.

[ 5 ] 李和平, 肖竞, 曹珂, 等. "景观—文化"协同演进的历史城镇活态保护方法探析[J]. 中国园林, 2015, 31(6):68-73.

[ 6 ] YU K J. Security patterns and surface model in landscape ecological planning[J]. Landscape & Urban Planning, 1996, 36(1):1-17.

[ 7 ] YU K J. Ecologists farmers tourists-GIS support planning of Red Stone Park China [M] // CRAGLIA M, HELEN C. Geographic information research. London: Taylor & Francis, 1999:480-494.

[ 8 ] 俞孔坚, 李迪华. 城乡与区域规划的景观生态模式[J]. 国外城市规划, 1997(3):27-31.

[ 9 ] COOK E A, VAN LIER H N. Landscape planning and ecological networks [M]. Amsterdam: Elservier, 1994:741-743.

[10] 欧阳勇锋, 黄汉莉. 试论乡村文化景观的意义及其分类、评价与保护设计[J]. 中国园林, 2012(12):105-108.

[11] SPIRN A W. The language of landscape [J]. Environmental History, 1998, 32(6):

63-64.

[12] LYLE J T. Design for human ecosystem：landscape，land use，and natural resources [M]. Washington：Island Press，1999：125-160.

[13] WALKER S，RYN S V D，COWAN S. Ecological design [M]. Washington，D. C.： Island Press，2007：321-358.

[14] 陈英瑾. 乡村景观特征评估与规划 [D]：[博士学位论文]. 北京：清华大学，2012.

**第5章图表来源**

图 5-1 至图 5-10 源自：笔者绘制.

图 5-11 源自：《太湖风景名胜区西山景区详细规划（2017—2030年）》《苏州市西山镇总体规划》.

图 5-12 至图 5-16 源自：笔者绘制.

图 5-17、图 5-18 源自：笔者拍摄.

图 5-19 至图 5-20 源自：笔者绘制.

图 5-21、图 5-22 源自：笔者拍摄.

图 5-23 源自：《苏州市东山镇三山岛古村落保护与建设规划》.

图 5-24 至图 5-28 源自：笔者绘制.

图 5-29、图 5-30 源自：笔者拍摄.

图 5-31、图 5-32 源自：笔者绘制.

表 5-1 至表 5-5 源自：笔者绘制.

# 6 总结

## 6.1 研究总结

本书基于以景观过程为导向的"源汇"理论，以传统乡村地域文化景观的系统性保护为目的，针对当前传统乡村所呈现的后人工景观特征及保护缺位，提出基于正负双向"源汇"格局的传统乡村地域文化景观导控途径的构想，并以太湖西山传统村落群为对象进行实证研究，基本验证了正负双向"源汇"格局在旅游干扰较强镇域范围的可行性、实用性和适用性，达到了研究的初衷，至少有以下三点结论：

### 6.1.1 "源汇"过程分析能够弥补当前乡村地域文化景观的保护缺失

"圈层式"历史文化村镇保护规划是目前我国村镇遗产保护规划的主流途径，其重高价值物质遗存、轻生态/人文系统整体保护的症结长期以来受到学术界的质疑。本书基于当前在生态过程中发挥重要作用的"源汇"格局理论，尝试以文化景观的地理环境、历史脉络和演进过程为切入口，分析传统乡村地域文化景观系统及要素之间的层叠耦合关系和过程联系。研究发现，文化景观"源汇"格局能够推衍各类型景观源地潜在发展过程，分析文化景观系统潜在生长的空间构架，并以此搭建历史文化村镇及周边传统村落群健康、可持续发展的生态/人文景观环境空间网络。

### 6.1.2 生态/人文景观源地的协同保护是乡村地域文化景观存续的关键路径

根据"源汇"景观理论，正向"保护源"是景观持续发展的源头与基础。传统乡村地域文化景观是自然与人文的空间耦合体，在乡村地域形成了众多人与自然环境的共生空间。在本书中，基于对西山自然地理和社会人文背景的梳理以及地域文化的探知，发现对不同类型生态/人文景观源地的辨识、补缀和系统性保护是西山传统乡村地域文化景观安全的必要基础，也是文化景观系统保护"源汇"过程推衍的重要环节。此外研究认为,对生态/人文景观源地和节点片区的保护,需要关注和引导生态、人文、物质、非物质的能量流动,形成生态/人文景观系统协同保护的区域性空间,以维持传统乡村地域文化景观的完整性。

### 6.1.3 基于正负双向的"源汇"格局能够科学划定分区及提出调控策略

传统乡村地区的工业、商业、旅游业、现代农业等产业发展是其融入现代社会的必经途径和必然要求。本书立足于传统乡村地域文化景观保护,然而并不只强调对地域文化景观范围的圈定以及"博物馆式"的保护方式,而是基于传统乡村、现代产业共通和协同发展的现实需求,构建"系统存续—风险预警"的正负双向"源汇"格局。在保护生态/人文上协同传统乡村地域文化景观的基础上,引导风貌协调和发展集约产业,提出相应的保护、控制和引导策略,并以此作为可持续发展的传统乡村地域文化景观之导控途径。

## 6.2 研究创新点

### 6.2.1 基于生态/人文景观协同存续视角,扩展传统村镇保护范围

乡村景观涉及生态、社会、经济等诸多层面问题。本书打破历史文化村镇"三区"的静态保护壁垒,以传统乡村地区自然与生态/人文系统的协同保护为出发点,借由"源汇"景观的空间模拟,既适于把握传统乡村地域文化景观系统的空间过程规律,又符合传统乡村景观廊道、网状保护的逻辑,旨在从一个更为广泛的环境范围去研究乡村地域文化景观的系统性交互逻辑和内在空间结构。

### 6.2.2 基于生态/人文景观过程性分析思路,扩充"源汇"理论应用领域

在以往研究中,中尺度、大尺度的乡村景观保护途径通常采用破碎度、分离度等静态景观格局指数加以分析,并通过定性的方式确定文化景观的区划和廊道,在景观过程性分析中,定量分区方法长期以来一直有所欠缺。本书基于"源汇"景观格局的参数性、动态性等特征,尝试模拟、推衍生态空间、传统乡村、现代村镇、工业用地、旅游设施等不同景观元素之间的相互"侵蚀"过程,并以此作为传统乡村地区的生态/人文安全等级划分及调控策略的基础,是"源汇"理论在乡村地域文化景观保护领域的较早研究和运用。

### 6.2.3 基于"正负双向"逻辑，兼顾传统乡村景观保护与现代社会经济 发展

过去"源汇"格局的推导往往是针对某一种或几种"风险源"或"保护源"的单项"源汇"扩张分析。然而对于乡村地区而言，一味的保护生态／人文景观，排斥工业、旅游业和现代化产业并不利于其社会经济的可持续发展。本书创新性扩展现有"源汇"理论和格局内容，构建正负双向的"源汇"格局，试图探寻兼顾传统乡村保护和现代社会经济发展的可持续发展路径。

## 6.3 研究局限性与展望

传统乡村地域文化景观保护与安全是一项繁杂而浩大的工程，文化景观"源汇"过程及格局的研究也刚刚起步，在后续的工作中，理论、逻辑、框架需要深化，更多的区域范围、地域类别和景观尺度亦需要探索。本书目前主要有以下几点局限性值得日后深入研究：

### 6.3.1 研究对象的特殊性

本书的侧重点在于解决过去对单一历史文化村镇的遗产保护模式，选取江南地区较有代表性的西山传统村落群作为研究对象，试图阐释"源汇"格局在镇域尺度传统乡村地域文化景观之导控途径。

作为独特的湖泊内岛型区域，西山和其他乡村地区相比受周边环境的影响少，整体风貌保持也较好。因此在西山"保护源""风险源"的类型和"源汇"格局的推导方面具有一定的特殊性。在未来的研究过程中，应深入探索"源汇"格局在不同地貌类型、尺度范围、文化背景的乡村地区的适用性。在不同的地域范围中模拟和探索"源""汇"景观空间的类别、相互作用关系，以及"源汇"过程中出现的更多复杂性与可能性。

### 6.3.2 空间赋值的主观性

作为文化景观类别，乡村景观演变的因素和作用力较多，如本书提到的自然地理背景、文化内因、政策规划、公众审美取向等。在"源""汇"的空间赋值上，需综合考虑各个类别的影响因素。

由于研究周期、研究者背景、资料获取难度等因素影响，本书在源地、汇地的影响因素、空间赋值以及指标体系的选择上，并未纳入旅游、人口等社会经济数值。源地扩张等级和汇地阻力等级主要依据景观空间差异和可操作性原则，等级划分标准采用已有的规划、评价以及专家咨询和问卷的方式产生，具有一定的主观性。因此在下一阶段的研究过程中，

在"源汇"文化景观格局方面，可针对文化景观强度、阈值等方面进一步完善，并可以考虑适当引入模糊数学及非线性数学的方法改进"源汇"赋值方式。

### 6.3.3　技术手段的局限性

随着计算机、地理信息系统等技术的不断提高和完善，相关软件、模型，新的量化方法和手段每年都在推陈出新，风景园林学科的参数化研究也在不断发展和进步。本书基于有限图像、数据及资料来源，利用地理信息系统软件（ArcGIS）、最小累计阻力模型（MCR）等分析、模拟乡村地域文化景观的潜在过程。

未来，随着数字景区、全国农村人居环境信息系统等网络平台的建立，通过定期、不定期的监测和数据采集，能够通过电子化、网络化途径提供更加全面、可靠的数据及图像，为乡村地域文化景观保护、"源汇"格局的信息采集和技术分析奠定基础。此外还应尝试在 Matlab 等空间计量软件和效益函数等数学模型中进行"源汇"格局的空间推衍，更加科学有效地量化分析乡村地域文化景观的过程和潜在路径。

总之，在"美丽中国""美丽乡村""特色田园乡村"逐步推进的良好契机下，乡村景观的保护不仅仅需要考虑当下发展，更应回望这片地域的文化背景和时空脉络，不断地深化、细化保护控制范围与对象，认清保护的区域和重点，梳理适宜的发展建设空间及准确地制订顾及整体、分步有序的保护发展实施步骤，形成一种心存过往又不断向前认知的良性、动态的可持续发展模式。

# 附录

## 附录 1　西山景区风景资源汇总表

| 大类 | 中类 | 小类 | 风景资源名称 |
|---|---|---|---|
| 自然资源 | 地景 | 山景 | 横山、金铎岭 |
| | | 奇峰 | 缥缈峰 |
| | | 洞府 | 林屋洞、峃云洞、夕光洞、玄阳洞 |
| | | 石林石景 | 生肖石 |
| | | 洲岛屿礁 | 横山群岛、众安洲、厥山、泽山 |
| | | 其他地景 | 水月坞、罗汉坞、包山坞、毛公坞、角角咀、明月湾、消夏湾、福源坞、天王坞、陈家坞、葛家坞、涵村坞、梅塘坞等 |
| | 水景 | 泉井 | 紫云泉、砥泉、军坑泉、无碍泉、龙山泉、胭脂井、游龙泉、游龙井 |
| | | 溪涧 | 水月溪 |
| | | 潭池 | 毛公潭、画眉池、游龙潭、游龙池 |
| | 生景 | 古树名木 | 东湾古柏、古罗汉松、古紫藤、香樟等 |
| 人文景观 | 园林 | 庭宅花园 | 春熙堂花园、芥舟园、爱日堂花园 |
| | | 专类游园 | 梅园 |
| | | 陵园墓园 | 秦仪墓、高定子和高斯道墓、葛月坡墓、宋墓 |
| | | 其他园景 | 石公山 |
| | 建筑 | 风景建筑 | 后埠井亭、御墨亭、来鹤亭、断山亭、樟坞里方亭、览曦亭、印月廊、寒林夕晖亭、清风亭、漱石居、翠屏轩、烟云山房、浮玉北堂、梨云亭、微云小筑、醉醡亭 |
| | | 民居宗祠 | 东村学圃堂、绍衣堂、敦和堂、孝友堂、凝翠堂、维善堂，明月湾黄氏宗祠、汉三房、敦伦堂、礼和堂、瞻瑞堂、裕耕堂，角里尊仁堂、郑氏宗祠，植里金氏宗祠、罗氏宗祠，堂里仁本堂、荣德堂，涵村陆氏支祠、后埠介福堂、承志堂 |
| | | 宗教建筑 | 法华寺、古罗汉寺、包山禅寺、明月寺、贡茶院、石佛寺、灵佑观、无碍庵、道隐园、东岳庙、仙坛观、古樟园 |
| | | 纪念建筑 | 禹王庙、天妃宫 |
| | | 古镇古村 | 西山古镇、明月湾古村、东村古村、植里古村、涵村古村、堂里古村、角里古村、东西蔡古村、后埠古村、古圻村 |
| | | 其他建筑 | 涵村明代店铺、明月湾村石板桥、移影桥、明月湾店铺 |
| | 胜迹 | 遗迹遗址 | 太平军土城遗址、墨佐君坛、投龙潭、太湖军营址及军用石码头、毛公坛、栖贤巷门、植里古道及桥、吴越遗址遗迹、禹王庙湖埠遗址、春秋古城墙遗迹、愈家渡遗址、石码头遗址、蒋氏里门、盘龙寺遗址、水月寺等 |

| 大类 | 中类 | 小类 | 风景资源名称 |
|---|---|---|---|
| 人文景观 | 胜迹 | 摩崖题刻 | 林屋山摩崖石刻、石公山摩崖石刻、一线天 |
| | | 雕塑 | 童子面石雕造像、大禹像 |
| | | 纪念地 | 诸稽郢墓、三国阚泽墓 |
| | | 游娱文体场地 | 牛仔乡村俱乐部、消夏湾垂钓中心 |
| | | 其他胜迹 | 明清古街 |
| | 风物 | 节假庆典 | 包山寺观音庙会、碧螺春茶文化旅游节、瓦山庙会、农家乐休闲美食节、杨梅节、枇杷节、梅花节 |
| | | 地方人物 | 秦仪、蔡羽、蔡升、陆治、大休和尚、汉初"商山四皓"、郑清之、王维德、暴式昭、诸稽郢、罗甘尝 |
| | | 地方物产 | 苏绣、雕刻品、盆景、青梅、枇杷、杨梅、银杏、板栗、碧螺春茶等 |
| | | 其他风物 | 缂丝织造技艺、茶艺 |

注：表格来源于笔者根据《太湖风景名胜区总体规划资料汇编》绘制。

附录 2　西山景区古树名木统计一览表

| 编号 | 树种 | 树龄（年） | 保护级别 | 生长地点及其他 |
|---|---|---|---|---|
| 1 | 香樟 | 800 | 一级 | 爱国村东湾组井场东 |
| 2 | 香樟 | 500 | 一级 | 爱国村东湾组井场 |
| 3 | 香樟 | 501 | 一级 | 爱国村东湾组井场 |
| 4 | 香樟 | 502 | 一级 | 爱国村东湾组井场 |
| 5 | 香樟 | 600 | 一级 | 爱国村东湾组井场 |
| 6 | 银杏 | 250 | 二级 | 爱国村东湾组井场 |
| 7 | 香樟 | 1 500 | 一级 | 爱国村东湾组场桥门（江沿） |
| 8 | 香樟 | 800 | 一级 | 爱国村东湾组三官殿 |
| 9 | 龙柏 | 1 500 | 一级 | 爱国村东湾组三官殿 |
| 10 | 香樟 | 800 | 一级 | 涵村西涵头路边 |
| 11 | 香樟 | 300 | 一级 | 爱国村植里古桥 |
| 12 | 香樟 | 1000 | 一级 | 新东村阴山 |
| 13 | 香樟 1 | 500 | 一级 | 新东村西上组 |
| 14 | 香樟 2 | 500 | 一级 | 新东村西上组 |
| 15 | 香樟 | 600 | 一级 | 后堡村 12 组双观音堂 |
| 16 | 香樟 | 1 000 | 一级 | 后堡村 13 组双观音堂 |
| 17 | 榉树 | 100 | 二级 | 后堡村 14 组双观音堂 |
| 18 | 榔榆 | 200 | 二级 | 后堡村 15 组双观音堂 |
| 19 | 银杏 | 150 | 二级 | 后堡村 16 组双观音堂 |
| 20 | 银杏 | 800 | 一级 | 梅益村双塔头组双塔头 |
| 21 | 银杏 | 500 | 一级 | 林屋村镇夏组花石井家 |
| 22 | 香樟 | 1 200 | 一级 | 明月湾村明湾组（明月湾） |
| 23 | 香樟 | 600 | 一级 | 石公村樟坞组（樟坞里） |
| 24 | 朴树 | 110 | 二级 | 石公村樟坞组（樟坞里） |
| 25 | 香樟 1 | 600 | 一级 | 丙常村罗汉组（罗汉坞） |
| 26 | 香樟 2 | 600 | 一级 | 丙常村罗汉组（罗汉坞） |
| 27 | 紫藤 | 300 | 一级 | 丙常村罗汉组（罗汉坞） |
| 28 | 香樟 | 300 | 一级 | 丙常村罗汉组（罗汉坞） |
| 29 | 朴树 | 500 | 一级 | 丙常村朴树组（朴树头） |
| 30 | 白皮松 | 200 | 二级 | 东蔡村东里组春熙堂 |
| 31 | 银杏 | 400 | 一级 | 缥缈村西蔡里亭子场 |
| 32 | 银杏 | 150 | 二级 | 缥缈村团结组上山头 |

| 编号 | 树种 | 树龄（年） | 保护级别 | 生长地点及其他 |
|------|------|-----------|----------|----------------|
| 33 | 银杏 | 250 | 二级 | 缥缈村团结组西蔡里 |
| 34 | 银杏 | 300 | 一级 | 缥缈村谢家堡 |
| 35 | 香樟 | 1 100 | 一级 | 金吴村金吴组金铎 |
| 36 | 银杏 | 500 | 一级 | 金吴村吴村头组实际头 |
| 37 | 银杏 | 300 | 一级 | 金吴村东河社区医院北弄 |
| 38 | 香樟 | 400 | 一级 | 衙甪里村山夏组山夏 |
| 39 | 香樟 | 110 | 二级 | 衙甪里村小坞里孟将堂 |
| 40 | 香樟 | 500 | 一级 | 衙甪里村甪里组王妃宫 |
| 41 | 朴树 | 400 | 一级 | 震星村猗里组猗里 |
| 42 | 香樟1 | 800 | 一级 | 爱国村张家湾组大圣堂 |
| 43 | 香樟2 | 800 | 一级 | 爱国村张家湾组大圣堂 |
| 44 | 香樟1 | 500 | 一级 | 爱国村张家湾组大圣堂 |
| 45 | 香樟2 | 500 | 一级 | 爱国村张家湾组大圣堂 |
| 46 | 香樟3 | 500 | 一级 | 爱国村张家湾组大圣堂 |

注：表格来源于《太湖风景名胜区总体规划资料汇编》。树龄计算截至 2009 年左右。

## 附录 3　西山重点保护遗产分布表

| 类别 | 级别 | 名称 | 时代 | 所在位置 |
|---|---|---|---|---|
| 古墓葬 | 市级 | 诸稽郢墓 | 春秋 | 秉汇村 |
| | | 秦仪墓 | 宋代 | 东蔡村（秦家堡） |
| | | 高定子、高斯道墓 | 南宋 | 包山禅寺 |
| 古建筑 | 省级 | 涵村古店铺 | 明代 | 涵村村 |
| | | 栖贤巷门 | 明代 | 东村村 |
| | | 敬修堂 | 清代 | 东村村 |
| | | 锦绣堂 | 清代 | 东村村 |
| | 市级 | 禹王庙 | 南朝·梁 | 甪里村 |
| | | 春熙堂 | 清代 | 东蔡村 |
| | | 爱日堂 | 清代 | 西蔡村 |
| | | 芥舟园 | 清代 | 东蔡村（秦家堡） |
| | | 后埠井亭 | 南宋 | 后埠村 |
| | | 承志堂 | 清代 | 后埠村 |
| | | 燕贻堂 | 明代 | 辛村（蒋东村） |
| | | 畲庆堂 | 清代 | 东蔡村 |
| | | 樟坞里方亭 | 清代 | 樟坞里 |
| | | 仁寿堂 | 明代 | 植里村 |
| | | 庆馀堂 | 清代 | 阴山村 |
| | | 沁远堂 | 清代 | 堂里村 |
| | | 萃秀堂 | 清代 | 东村村 |
| | | 瞻瑞堂 | 清代 | 明月湾村 |
| | | 裕耕堂 | 清代 | 明月湾村 |
| | | 徐氏宗祠 | 清代 | 东村村 |
| | | 仁本堂 | 清代 | 堂里村 |
| | | 植里古道及桥 | 清代 | 植里村 |
| 石刻 | 省级 | 林屋山摩崖题刻 | 宋代 | 林屋山 |
| | 市级 | 童子面石雕造像 | 清代 | 西山景区 |
| | | 石公山 | 唐代 | 西山景区 |

注：表格来源于《太湖风景名胜区总体规划资料汇编》。

## 附录 4　西山景区用地面积汇总表

| 序号 | 用地代号 | 用地名称 | 面积（hm²） | | 占总用地比例（%） | |
|---|---|---|---|---|---|---|
| | | | 现状（陆域） | 规划（陆域） | 现状（陆域） | 规划（陆域） |
| 合计 | | 风景名胜区用地 | 8 736.00 | 8 364.00 | 100.00 | 100.00 |
| 1 | 甲 | 风景游赏用地 | 2 683.14 | 6 080.01 | 30.70 | 72.68 |
| | 甲 1 | 风景点建设用地 | 126.27 | 1 405.25 | 1.44 | 16.80 |
| | 甲 2 | 风景保护用地 | 2 319.62 | 2 366.46 | 26.55 | 28.28 |
| | 甲 3 | 风景恢复用地 | 237.25 | — | 2.72 | — |
| | 甲 4 | 其他观光用地 | — | 2 308.30 | — | 27.60 |
| 2 | 乙 | 游览设施用地 | 38.79 | 89.35 | 0.45 | 1.07 |
| 3 | 丙 | 居民社会用地 | 764.77 | 680.80 | 8.76 | 8.14 |
| | 丙 1 | 居民点建设用地 | 737.14 | 643.21 | 8.44 | 7.69 |
| | 丙 2 | 管理机构用地 | 4.49 | 2.56 | 0.05 | 0.03 |
| | 丙 3 | 科技教育用地 | 2.22 | 31.20 | 0.03 | 0.37 |
| | 丙 4 | 工副业生产用地 | 20.09 | 3.02 | 0.23 | 0.04 |
| | 丙 5 | 其他居民社会用地 | 0.83 | 0.83 | 0.01 | 0.01 |
| 4 | 丁 | 交通与工程用地 | 306.02 | 375.42 | 3.50 | 4.49 |
| 5 | 戊 | 林地 | 212.63 | — | 2.43 | — |
| 6 | 己 | 园地 | 2 706.60 | — | 30.98 | — |
| 7 | 庚 | 耕地 | 1 334.56 | 585.13 | 15.28 | 7.00 |
| 8 | 壬 | 水域 | 632.43 | 546.90 | 7.24 | 6.54 |
| | 壬 1 | 河湖水面 | 258.19 | 478.49 | 2.96 | 5.72 |
| | 壬 2 | 鱼塘 | 374.24 | 68.41 | 4.28 | 0.82 |
| 9 | 癸 | 滞留用地 | 57.06 | 6.37 | 0.65 | 0.08 |

注：表格来源于《太湖风景名胜区总体规划资料汇编》。

## 附录 5  西山乡村景观用地类型表

| 类别 | 子类别 | 景观及卫星影像特征 | 示例图 |
|------|--------|--------------------|--------|
| 生活空间（R） | 传统聚落或建筑（R1） | 包括符合江南传统样式的历史聚落群或建筑；卫星影像色彩为灰色、棕色，尺度稍小，边界不规则 | |
| | 非传统聚落或建筑（R2） | 包括非江南传统样式的工业建筑、居住区等现代建筑；卫星影像色彩为深灰色，可见规则形状建筑，建筑尺度稍大 | |
| | 现代商业用地（R3） | 包括用于开展商业、旅游业、娱乐活动所占用的场所；卫星影像色彩为深灰色，可见规则形状建筑，建筑尺度稍大 | |
| | 传统村镇公共空间（R4） | 包括村口广场、晒谷场等传统村镇中居民公共活动的场所；卫星影像为位于传统聚落或建筑之中的浅棕色空地 | |
| | 现代公共空间（R5） | 包括现代广场、大型停车场等居民公共活动的场所；卫星影像色彩为深灰色，边界为规则状 | |
| 生产空间（P） | 传统果林（P1） | 包括山体、坡地中的不规则果林或茶果混植地；卫星影像色彩主要为深绿色，有条形状肌理，边界不规则 | |
| | 现代果林（P2） | 包括在平原规则种植的果林，混有少量不规则蔬菜种植；卫星影像色彩为绿色与棕色交错，长条形肌理，边界较为规则 | |
| | 鱼塘和水塘（P3） | 包括在低洼区的自然水体、人工鱼塘或人工湿地；卫星影像色彩为青绿色，人工鱼塘边界较规则，自然或人工湿地边界较不规则 | |
| 生态空间（E） | 草地（E1） | 以草本、灌木植物为主分布的片区；卫星影像色彩为浅灰绿色，边界不规则 | |
| | 林地（E2） | 包括成片的天然林、次生林或人工林覆盖的用地类型；卫星影像色彩主要为深绿色，可见树林肌理，边界不规则 | |

| 类别 | 子类别 | 景观及卫星影像特征 | 示例图 |
|---|---|---|---|
| 生态空间（E） | 河道水系（E3） | 包括人工、自然的带状河道；卫星影像色彩为浅青色，边界为规则或不规则条带状 | |
| 连接空间（C） | 传统道路（C1） | 包括连接传统生活、生产等空间的带状乡村道路，宽度较窄，一般不超过 7 m；卫星影像色彩为土黄色，边界为不规则条带状，宽度较窄 | |
|  | 现代道路（C2） | 主要为沥青覆盖表面、双车道以上的车行道路类型；卫星影像色彩为灰色，边界为规则条带状，宽度较传统道路宽 | |

注：表格来源于笔者绘制。

附录 6　西山传统乡村地域文化景观系统存续及风险预警专家
　　　　调查问卷

### 1. 调查背景

专家您好！感谢您在百忙之中参与此次调查问卷。西山（金庭镇）作为江苏省历史文化名镇，镇区内中国历史文化名村 2 个（明月湾古村、东村古村），市级控制保护古村落 7 个，历史文化深厚，资源价值较高。近年来随着城镇扩张、乡村旅游的发展，西山的传统乡村地域文化景观安全和存续问题变得日益突出。本书基于对西山乡村地域文化景观的整体保护，从生态 / 人文景观系统以及不同类别的风险干扰等方面对西山进行剖析和寻求相应的保护策略。本次调查希望各位专家对西山各类文化景观系统保护、风险预警的重要性以及其子类别的最小累计阻力（MCR）影响因素的重要等级进行判断，以便对研究区域的保护与利用问题进一步分析。

### 2. 填答说明

层次分析法（AHP）打分规则：对同一层次的两个不同变量之间用 1—9 打分。

| 标度 | 相对比较（就某一准则而言） |
| --- | --- |
| 1 | 同样重要性 |
| 3 | 稍微重要 |
| 5 | 明显重要 |
| 7 | 重要得多 |
| 9 | 绝对重要 |
| 2、4、6、8 | 作为上述相邻判断的插值 |
| 上列各数的倒数 | 另一因素对原因素的反比 |

注：基于生物多样性保护（E1）（纵向因素）与基于水土保持（E2）（横向因素）相比同样重要，则打 1 分；若绝对重要则打 9 分；反之基于水土保持（E2）与基于生物多样性保护（E1）相比绝对重要，则打 1/9 分。

## 3. 评价分析表

### 1）生态／人文景观系统保护评分表总体框架

| 目标层 | 评价指标体系 | | | | | | | | | | | | | | | | | |
|---|---|---|---|---|---|---|---|---|---|---|---|---|---|---|---|---|---|---|
| 项目层 | 生态景观系统存续（E） | | | | | | 人文景观系统存续（C） | | | | | | | | | | | |
| 因素层 | 基于生物多样性保护（E1） | | | 基于水土保持（E2） | | | 基于传统生活系统保护（C1） | | | | 基于传统生产系统保护（C2） | | | | 基于传统信仰系统保护（C3） | | | |
| | E1-1 | E1-2 | E1-3 | E2-1 | E2-2 | E2-3 | C1-1 | C1-2 | C1-3 | C1-4 | C2-1 | C2-2 | C2-3 | C2-4 | C3-1 | C3-2 | C3-3 | C3-4 |
| 指标层 | 植被覆盖度 | 土地利用类型 | 到道路的距离 | 植被覆盖度 | 土地利用类型 | 坡度 | 植被覆盖度 | 土地利用类型 | 坡度 | 到道路的距离 | 植被覆盖度 | 土地利用类型 | 坡度 | 到道路的距离 | 植被覆盖度 | 土地利用类型 | 坡度 | 到道路的距离 |

### （1）生态景观系统保护调查评分表

| | 基于生物多样性保护（E1） | 基于水土保持（E2） |
|---|---|---|
| 基于生物多样性保护（E1） | ×× | |
| 基于水土保持（E2） | | ×× |

### （2）生物多样性保护评分表

| | 植被覆盖度（E1-1） | 土地利用类型（E1-2） | 到道路的距离（E1-3） |
|---|---|---|---|
| 植被覆盖度（E1-1） | ×× | | |
| 土地利用类型（E1-2） | | ×× | |
| 到道路的距离（E1-3） | | | ×× |

### （3）水土保持评分表

| | 植被覆盖度（E2-1） | 土地利用类型（E2-2） | 坡度（E2-3） |
|---|---|---|---|
| 植被覆盖度（E2-1） | ×× | | |
| 土地利用类型（E2-2） | | ×× | |
| 坡度（E2-3） | | | ×× |

### （4）传统生活系统保护评分表

| | 植被覆盖度（C1-1） | 土地利用类型（C1-2） | 坡度（C1-3） | 到道路的距离（C1-4） |
|---|---|---|---|---|
| 植被覆盖度（C1-1） | ×× | | | |
| 土地利用类型（C1-2） | | ×× | | |
| 坡度（C1-3） | | | ×× | |
| 到道路的距离（C1-4） | | | | ×× |

（5）传统生产系统保护评分表

|  | 植被覆盖度（C2-1） | 土地利用类型（C2-2） | 坡度（C2-3） | 到道路的距离（C2-4） |
|---|---|---|---|---|
| 植被覆盖度（C2-1） | ×× |  |  |  |
| 土地利用类型（C2-2） |  | ×× |  |  |
| 坡度（C2-3） |  |  | ×× |  |
| 到道路的距离（C2-4） |  |  |  | ×× |

（6）传统信仰系统保护评分表

|  | 植被覆盖度（C3-1） | 土地利用类型（C3-2） | 坡度（C3-3） | 到道路的距离（C3-4） |
|---|---|---|---|---|
| 植被覆盖度（C3-1） | ×× |  |  |  |
| 土地利用类型（C3-2） |  | ×× |  |  |
| 坡度（C3-3） |  |  | ×× |  |
| 到道路的距离(C3-4) |  |  |  | ×× |

2）地域文化景观风险预警评分表总体框架

| 目标层 | 评价指标体系 | | | | | | | | | | |
|---|---|---|---|---|---|---|---|---|---|---|---|
| 项目层 | 村镇扩张（V） | | | | 旅游侵扰（T） | | | | | | |
| 因素层 | | | | | 基于景源旅游侵扰（T1） | | | | 基于道路旅游侵扰（T2） | | |
|  | V-1 | V-2 | V-3 | V-4 | T1-1 | T1-2 | T1-3 | T1-4 | T2-1 | T2-2 | T2-3 |
| 指标层 | 土地利用类型 | 到道路的距离 | 到湖面的距离 | 坡度 | 土地利用类型 | 到道路的距离 | 到湖面的距离 | 坡度 | 土地利用类型 | 到湖面的距离 | 坡度 |

（1）风险预警调查评分表

|  | 村镇扩张（V） | 基于景源旅游侵扰（T1） | 基于道路旅游侵扰（T2） |
|---|---|---|---|
| 村镇扩张（V） | ×× |  |  |
| 基于景源旅游侵扰（T1） |  | ×× |  |
| 基于道路旅游侵扰（T2） |  |  | ×× |

（2）村镇扩张风险评分表

|  | 土地利用类型（V-1） | 到道路的距离（V-2） | 到湖面的距离（V-3） | 坡度（V-4） |
|---|---|---|---|---|
| 土地利用类型（V-1） | ×× |  |  |  |
| 到道路的距离（V-2） |  | ×× |  |  |
| 到湖面的距离（V-3） |  |  | ×× |  |
| 坡度（V-4） |  |  |  | ×× |

（3）景源旅游侵扰风险评分表

|  | 土地利用类型（T1-1) | 到道路的距离（T1-2) | 到湖面的距离（T1-3) | 坡度（T1-4) |
|---|---|---|---|---|
| 土地利用类型（T1-1) | ×× |  |  |  |
| 到道路的距离（T1-2) |  | ×× |  |  |
| 到湖面的距离（T1-3) |  |  | ×× |  |
| 坡度（T1-4) |  |  |  | ×× |

（4）道路旅游侵扰风险评分表

|  | 土地利用类型（T2-1) | 到湖面的距离（T2-2) | 坡度（T2-3) |
|---|---|---|---|
| 土地利用类型（T2-1) | ×× |  |  |
| 到湖面的距离（T2-2) |  | ×× |  |
| 坡度（T2-3) |  |  | ×× |

## 主要参考文献

·中文文献·

财政部.关于发挥一事一议财政奖补作用推动美丽乡村建设试点的通知[EB/OL].
　　(2013-07-10)[2013-08-02].http://www.gov.cn/gzdt/2013-07/10/content_2444166.
　　htm.

曹健,张振雄.苏州洞庭东、西山古村落选址和布局的初步研究[J].苏州教育学院学
　　报,2007,24(3):72-74,93.

曹蕾.基于"源—汇"景观理论的中卫沙坡头自然保护区功能分区研究[D]:[硕士学位
　　论文].兰州:兰州大学,2016.

陈昌笃.景观生态学的发展及其对资源管理和自然保护的意义[J].中国生态学学会通
　　讯,2000(特刊):45.

陈娟.陕西省农地非农化生态风险评估研究[D]:[硕士学位论文].杨凌:西北农林科技
　　大学,2013.

陈利顶,等.源汇景观格局分析及其应用[M].北京:科学出版社,2016.

陈利项,傅伯杰,徐建英,等.基于"源—汇"生态过程的景观格局识别方法——景观空
　　间负荷对比指数[J].生态学报,2003,23(11):2406-2413.

陈利顶,傅伯杰,赵文武."源""汇"景观理论及其生态学意义[J].生态学报,2006,26
　　(5):1444-1449.

陈利顶,张淑荣,傅伯杰,等.流域尺度土地利用与土壤类型空间分布的相关性研究[J].
　　生态学报,2003,23(12):2497-2505.

陈明,文仁树.鱼刺图法对城市景观环境的安全性评价初探[J].科技信息,2009(1):
　　707-708.

陈英瑾.风景名胜区中乡村类文化景观的保护与管理[J].中国园林,2012,28(1):
　　102-104.

陈英瑾.乡村景观特征评估与规划[D]:[博士学位论文].北京:清华大学,2012.

陈志华.楠溪江中游古村落[M].李玉祥,摄影.上海:三联书店,1999.

程永刚.作为文化遗产的古村落保护与旅游开发研究[J].中华民居,2012(2):581-582.

邓辉.卡尔·苏尔的文化生态学理论与实践[J].地理研究,2003,22(5):625-634.

邓晓华.人类文化语言学[M].厦门:厦门大学出版社,1993.

丁杰.苏皖古村落建筑与环境比较研究[D]:[硕士学位论文].苏州:苏州大学,2011.

董春,罗玉波,刘纪平,等.基于Poisson对数线性模型的居民点与地理因子的相关性研
　　究[J].中国人口·资源与环境,2005,15(4):79-84.

段进,龚恺,陈晓东,等.世界文化遗产西递古村落空间解析[M].南京:东南大学出版
　　社,2006.

段进,季松,王海宁.城镇空间解析:太湖流域古镇空间结构与形态[M].北京:中国建筑
　　工业出版社,2002.

樊勇吉.基于空间信息技术的太湖风景区(苏州吴中片区)村落景观格局演变研究[D]:
　　[硕士学位论文].南京:南京林业大学,2016.

范中桥.地域分异规律初探[J].哈尔滨师范大学自然科学学报,2004,20(5):106-109.

房艳刚,刘继生.集聚型农业村落文化景观的演变过程与机理——以山东曲阜峪口村
　　为例[J].地理研究,2009,28(4):968-978.

冯骥才.传统村落的困境与出路——兼谈传统村落类文化遗产[J].民间文化论坛,2013

（5）：10-11.

冯淑华，沙润.古村落场理论及景观安全格局探讨[J].地理与地理信息科学，2006，22（5）：91-94.

付在毅，许学工.区域生态风险评价[J].地球科学进展，2001，16（2）：267-271.

桂鹏.东村古村落文化景观演变与重构研究[D]：[硕士学位论文].苏州：苏州科技学院，2014.

郭旃.《西安宣言》——文化遗产环境保护新准则[J].中国文化遗产，2005（6）：6-7.

韩西丽，俞孔坚，李迪华，等.基塘—城市景观安全格局构建研究——以佛山市顺德区马岗片区为例[J].地域研究与开发，2008，27（5）：107-110，128.

韩欣池.基于CLUE-S模型的哈尼梯田文化景观变化、驱动及情景模拟[D]：[硕士学位论文].杭州：浙江大学，2014.

洪璞.明代以来太湖南岸乡村的经济与社会变迁——以吴江县为例[M].北京：中华书局，2005.

胡海胜.文化景观变迁理论与实证研究[M].北京：中国林业出版社，2011.

胡海胜，唐代剑.文化景观研究回顾与展望[J].地理与地理信息科学，2006，22（5）：95-100.

胡潇方.历史文化村镇保护监控系统研究——以荻港古村保护为例[D]：[硕士学位论文].上海：同济大学，2008.

贾艳艳，唐晓岚，张卓然，等.太湖东西山古村落风水林探析[J].山东农业大学学报（自然科学版），2017，48（4）：504-510.

金其铭.太湖东西山聚落类型及其发展演化[J].经济地理，1984（3）：215-220.

金庭镇人民政府.金庭镇政府工作报告[R].苏州，2014—2015.

金友理.太湖备考[M].南京：江苏古籍出版社，1998.

李从先，陈庆强，范代读，等.末次盛冰期以来长江三角洲地区的沉积相和古地理[J].古地理学报，1999，1（4）：12-25.

李凡，符国强，齐志新.基于GIS的佛山城市文化遗产景观风险性的评估[J].地理科学，2008，28（3）：431-438.

李海防，卫伟，陈瑾，等.基于"源""汇"景观指数的定西关川河流域土壤水蚀研究[J].生态学报，2013，33（14）：4460-4467.

李和平，肖竞.我国文化景观的类型及其构成要素分析[J].中国园林，2009，25（2）：90-94.

李和平，肖竞，曹珂，等."景观—文化"协同演进的历史城镇活态保护方法探析[J].中国园林，2015，31（6）：68-73.

李晖，易娜，姚文璟，等.基于景观安全格局的香格里拉县生态用地规划[J].生态学报，2011，31（20）：5928-5936.

李慕寒，沈守兵.试论中国地域文化的地理特征[J].人文地理，1996（1）：7-11.

李晓文，胡远满，肖笃宁.景观生态学与生物多样性保护[J].生态学报，1999，19（3）：399-407.

林箐，王向荣.地域特征与景观形式[J].中国园林，2005，21（6）：16-24.

刘滨谊.对于风景园林学5个二级学科的认识理解[J].风景园林，2011（2）：23-24.

刘大平，李晓霁.中国建筑史与文化地理学研究[J].建筑学报，2005（6）：68-70.

刘见华.吴越战争越军进军路线考[D]：[硕士学位论文].杭州：浙江大学，2011.

刘钧.风险管理概论[M].北京：清华大学出版社，2008.

刘澜，唐晓岚，熊星."多规合一"趋势下风景名胜区管理问题研究[J].北方园艺，2016（19）：105-109.

刘沛林,董双双.中国古村落景观的空间意象研究[J].地理研究,1998,17(1):31-38.

刘雯波.农村土地整治生态风险管理研究[D]:[硕士学位论文].南京:南京农业大学,2013.

刘孝富,舒俭民,张林波.最小累积阻力模型在城市土地生态适宜性评价中的应用——以厦门为例[J].生态学报,2010,30(2):421-428.

刘燕.地域文化景观形态的自然环境适应性解析[D]:[硕士学位论文].哈尔滨:哈尔滨工业大学,2014.

刘之浩,金其铭.试论乡村文化景观的类型及其演化[J].南京师大学报(自然科学版),1999,22(4):120-123.

卢朗,彭长武.西山东村的发展变迁、村落形态与乡土建筑[J].苏州大学学报(工科版),2006,26(5):10-13.

陆志钢.江南水乡历史城镇保护与发展[M].南京:东南大学出版社,2001.

罗亚,徐建华,岳文泽.基于遥感影像的植被指数研究方法述评[J].生态科学,2005,24(1):75-79.

吕红医,王宝珍.谈新农村建设背景下的乡土建筑保护与更新问题[J].小城镇建设,2008(8):61-63,56.

吕其伟.太湖西山景区旅游商业设施布局研究[D]:[硕士学位论文].苏州:苏州科技学院,2009.

马克·安托罗普.欧洲的景观变化和城市化进程[J].鲍梓婷,周剑云,译.国际城市规划,2015,30(3):19-28.

马瑞明.基于"源—汇"景观格局分析的城市温度调节服务定量研究[D]:[硕士学位论文].北京:中国地质大学(北京),2016.

马学强.钻天洞庭[M].福州:福建人民出版社,1998.

欧阳勇锋,黄汉莉.试论乡村文化景观的意义及其分类、评价与保护设计[J].中国园林,2012(12):105-108.

潘峰,唐晓岚,吴雷,等.基于RS&GIS的内湖岛屿湖域视景资源开发分析[J].水土保持通报,2017,37(3):279-283,289.

潘竟虎,刘晓.基于空间主成分和最小累积阻力模型的内陆河景观生态安全评价与格局优化——以张掖市甘州区为例[J].应用生态学报,2015,26(10):3126-3136.

潘鎏,罗雪,冷冷,等.历史文化村镇外部空间保护预警系统研究——以历史文化名镇李庄为例[J].西安建筑科技大学学报(自然科学版),2012,44(5):657-664.

彭一刚.传统村镇聚落景观分析[M].北京:中国建筑工业出版社,1992.

秦伟,朱清科,张学霞,等.植被覆盖度及其测算方法研究进展[J].西北农林科技大学学报(自然科学版),2006,34(9):163-170.

阮仪三.江南水乡城镇特色环境及保护[J].城市,1989(3):28-30.

单德启.论中国传统民居村寨集落改造[J].建筑学报,1992(4):8-11.

单霁翔.乡村类文化景观遗产保护的探索与实践[J].中国名城,2010(4):4-11.

单卓然,黄亚平."新型城镇化"概念内涵、目标内容、规划策略及认知误区解析[J].城市规划学刊,2013(2):16-22.

盛新娣.马克思"现实的个人"的思想及其当代价值[J].探索,2003(3):54-57.

史继忠.世界五大文化圈的互动[J].贵州民族研究,2002,21(4):21-28.

苏秉琦.苏秉琦考古学论述选集[M].北京:文物出版社,1984.

苏州大学中国近代文哲研究所.太湖文脉[M].苏州:古吴轩出版社,2004.

苏州市吴中区西山镇志编纂委员会.西山镇志[M].苏州:苏州大学出版社,2001.

隋卫东,王淑华,李军.城乡规划法[M].济南:山东大学出版社,2009:8.

孙然好,陈利顶,王伟,等.基于"源""汇"景观格局指数的海河流域总氮流失评价[J].
　　环境科学,2012,33(6):1784-1788.

孙晓娟.三峡库区森林生态系统健康评价与景观安全格局分析[D]:[博士学位论文].
　　北京:中国林业科学研究院,2007.

孙艺惠.传统乡村地域文化景观演变及其机理研究——以徽州地区为例[D]:[博士学
　　位论文].北京:中国科学院地理科学与资源研究所,2009.

孙艺惠,陈田,王云才.传统乡村地域文化景观研究进展[J].地理科学进展,2008,27
　　(6):90-96.

孙永光,李秀珍,郭文永,等.基于CLUE-S模型验证的海岸围垦区景观驱动因子贡献率
　　[J].应用生态学报,2011,22(9):2391-2398.

汤蕾,陈沧杰,姜劲松.苏州西山三个古村落特色空间格局保护与产业发展研究[J].国际
　　城市规划,2009,24(2):112-116.

汤蕾,刘宇红,姜劲松.新农村建设中村落空间格局传承的思考与实践——以苏州东山
　　镇陆巷村为例[J].小城镇建设,2007(11):14-18.

汤茂林.文化景观的内涵及其研究进展[J].地理科学进展,2000,19(1):70-79.

唐晓岚,石丽楠.从社会公益属性看生态博物馆建设[J].南京林业大学学报(人文社会
　　科学版),2013,13(2):69-81,110.

汪长根,王明国.论吴文化的特征——兼论吴文化与苏州文化的关系[J].学海,2002
　　(3):85-91.

王浩.村落景观的特色与整合[M].北京:中国林业出版社,2008.

王浩.对风景园林学一级学科建设的几点建议[J].风景园林,2011(2):20.

王浩,汪辉,李崇富,等.城市绿地景观体系规划初探[J]南京林业大学学报(人文社会
　　科学版),2003,3(2):69-73.

王军围,唐晓岚.基于聚落适宜性分析的西山国家森林公园古村落空间布局[J].浙江农
　　林大学学报,2015,32(6):919-926.

王凯,侯爱敏,王悦,等.基于生态文明背景下的古村落整治规划初探[J].小城镇建设,
　　2009(11):92-96.

王兰.苏州东山陆巷古村落研究[D]:[硕士学位论文].苏州:苏州大学,2012.

王其亨.风水理论研究[M].天津:天津大学出版社,1992.

王琦,付梦娣,魏来,等.基于源—汇理论和最小累积阻力模型的城市生态安全格局构
　　建——以安徽省宁国市为例[J].环境科学学报,2016,36(12):4546-4554.

王维德.林屋民风[M].扬州:广陵书社,2003.

王卫星.美丽乡村建设:现状与对策[J].华中师范大学学报(人文社会科学版),2014,
　　53(1):1-6.

王文卿,陈烨.中国传统民居的人文背景区划探讨[J].建筑学报,1994(7):42-47.

王瑶,宫辉力,李小娟.基于最小累计阻力模型的景观通达性分析[J].地理空间信息,
　　2007,5(4):45-47.

王一丁,吴晓红.古村落的生长与其传统形态和历史文化的延续——以太湖西山明湾、
　　东村的保护规划为例[J].南京工业大学学报(社会科学版),2005,4(3):76-78,96.

王云才.传统地域文化景观之图式语言及其传承[J].中国园林,2009,25(10):73-76.

王云才.风景园林的地方性——解读传统地域文化景观[J].建筑学报,2009(12):
　　94-96.

王云才.巩乃斯河流域游憩景观生态评价及持续利用[J].地理学报,2005,60(4):
　　645-655.

王云才.基于景观破碎度分析的传统地域文化景观保护模式——以浙江诸暨市直埠镇

为例[J].地理研究,2011,30(1):10-22.

王云才.破碎化与孤岛化——传统地域文化景观的空间迷局[M].北京:中国建筑工业出版社,2013.

王云才.现代乡村景观旅游规划设计[M].青岛:青岛出版社,2003.

王云才.传统地域文化景观之图式语言及其传承[J].中国园林,2009,25(10):73-76.

王云才,陈田,郭焕成.江南水乡区域景观体系特征与整体保护机制[J].长江流域资源与环境,2006,15(6):708-712.

王云才,郭娜.乡村传统文化景观遗产网络格局构建与保护研究——以江苏昆山市千灯镇为例[C]//中国风景园林学会.中国风景园林学会2013年会论文集(下册)——凝聚风景园林 共筑中国美梦.北京:中国建筑工业出版社,2013.

王云才,韩丽莹.基于景观孤岛化分析的传统地域文化景观保护模式——以江苏苏州市甪直镇为例[J].地理研究,2014,33(1):143-156.

王云才,吕东.传统文化景观空间典型网络图式的嵌套特征分析[J].南方建筑,2014(3):60-66.

王云才,吕东.基于破碎化分析的区域传统乡村景观空间保护规划——以无锡市西部地区为例[J].风景园林,2013(4):81-90.

王云才,帕特里克·米勒(Patrick Miller),布瑞恩·卡坦(Brian Katen).文化景观空间传统性评价及其整体保护格局——以江苏昆山千灯—张浦片区为例[J].地理学报,2011,66(4):525-534.

王云才,石忆邵,陈田.传统地域文化景观研究进展与展望[J].同济大学学报(社会科学版),2009,20(1):18-24,51.

王云才,史欣.传统地域文化景观空间特征及形成机理[J].同济大学学报(社会科学版),2010,21(1):31-38.

王钊,杨山,王玉娟,等.基于最小阻力模型的城市空间扩展冷热点格局分析——以苏锡常地区为例[J].经济地理,2016,36(3):57-64.

文博,刘友兆,夏敏.基于景观安全格局的农村居民点用地布局优化[J].农业工程学报,2014,30(8):181-191.

乌丙安.民俗文化空间:中国非物质文化遗产保护的重中之重[J].民间文化论坛,2007(1):98-100.

吴康,吴忠友.地域文化归属的定量判别方法初探——以江苏省淮安市为例[J].淮阴工学院学报,2009,18(2):1-9.

吴丽敏,黄震方,曹芳东,等.旅游城镇化背景下古镇用地格局演变及其驱动机制——以周庄为例[J].地理研究,2015,34(3):587-598.

吴美萍,朱光亚.建筑遗产的预防性保护研究初探[J].建筑学报,2010(6):37-39.

吴晓晖.风景名胜区文化景观变迁之解读[D].[硕士学位论文].上海:同济大学,2006.

相西如,丁纪江.试论地缘相临风景名胜区的特色构建——以太湖国家风景名胜区苏州东山景区、西山景区、光福景区为例[J].中国园林,2005,21(3):61-64.

相西如,李丽.古镇型景区历史文脉传承与发展途径的探讨——以太湖风景名胜区苏州同里景区为例[J].中国园林,2011,27(2):78-81.

肖竞,李和平.西南山地历史城镇文化景观演进过程及其动力机制研究[J].西部人居环境学刊,2015(3):120-121.

熊星,唐晓岚,刘澜,等.风景名胜区乡村文化景观管理数据库平台建构策略[J].南京林业大学学报(自然科学版),2017,41(5):99-106.

熊星,唐晓岚,王燕燕.中国风景园林专业博士学位论文选题研究[J].中国园林,2015,31(2):94-100.

许申来.基于"源汇"过程的景观格局分析和水土流失评价[D]:[博士学位论文].北京:中国科学院生态环境研究中心,2009.

薛利华.席家湖村志[M].香港:香港文汇出版社,2004.

严国泰,赵书彬.建立文化景观遗产管理预警制度的战略思考[J].中国园林,2010,26(9):12-14.

颜政纲.历史风貌欠完整传统村镇的原真性存续研究[D]:[博士学位论文].广州:华南理工大学,2016.

阳文锐,王如松,黄锦楼,等.生态风险评价及研究进展[J].应用生态学报,2007,18(8):1869-1876.

杨迪.太湖西山古村落公共空间整治规划研究[D]:[硕士学位论文].苏州:苏州科技学院,2010.

杨洁,杜娟,周佳,等.传统乡村地域文化景观解读——以林盘为例[J].建筑与文化,2011(12):44-47.

杨俊宴,任焕蕊,胡明星.南京滨江新城的生态安全格局分析及空间策略[J].现代城市研究,2010,25(11):29-36.

杨天翔.城市生态源功能视角下的源汇格局分析——以大黄堡湿地作用下的武清区为例[C]//中国城市科学研究会,天津市滨海新区人民政府.2014(第九届)城市发展与规划大会论文集——S14生态景观规划营建与城市设计.天津:中国城市科学研究会,天津市滨海新区人民政府,2014:6.

殷浩文.生态风险评价[M].上海:华东理工大学出版社,2001.

俞孔坚,李迪华.城乡与区域规划的景观生态模式[J].国外城市规划,1997(3):27-31.

俞孔坚,李迪华,韩西丽,等.新农村建设规划与城市扩张的景观安全格局途径——以马岗村为例[J].城市规划学刊,2006(5):38-45.

俞孔坚,王思思,李迪华,等.北京市生态安全格局及城市增长预景[J].生态学报,2009,29(3):1189-1204.

张凤琦."地域文化"概念及其研究路径探析[J].浙江社会科学,2008(4):63-66,50.

张启翔.关于风景园林一级学科建设的思考[J].中国园林,2011(5):16-17.

张文奎.人文地理学概论[M].3版.长春:东北师范大学出版社,1993.

赵文武,傅伯杰,郭旭东.多尺度土壤侵蚀评价指数的技术与方法[J].地理科学进展,2008,27(2):47-52.

赵夏.我国的"八景"传统及其文化意义[J].规划师,2006,22(12):89-91.

赵筱青,王海波,杨树华,等.基于GIS支持下的土地资源空间格局生态优化[J].生态学报,2009,29(9):4892-4901.

赵勇.中国历史文化名镇(村)保护评价及预警研究[D]:[博士学位论文].南京:南京大学,2005.

赵勇.中国历史文化名镇名村保护理论与方法[M].北京:中国建筑工业出版社,2008.

赵勇,刘泽华,张捷.历史文化村镇保护预警及方法研究——以周庄历史文化名镇为例[J].建筑学报,2008(12):24-28.

赵勇,张捷,秦中.我国历史文化村镇研究进展[J].城市规划学刊,2005(2):59-64.

赵在绪,周铁军,张亚.山地传统村镇空间格局安全预警机制建设[J].规划师,2015(1):37-41.

浙江省农业和农村工作办公室.浙江省美丽乡村建设行动计划(2011年—2015年)[J].中国乡镇企业,2011(6):63-66.

郑度.自然地域系统研究[M].北京:中国环境科学出版社,1997.

中国科学院南京中山植物园.太湖洞庭山的果树[M].上海:上海科学技术出版社,1960.

中国民族民间文化保护工程国家中心. 中国民族民间文化保护工程普查工作手册[M].
北京：文化艺术出版社，2005.

中华人民共和国国家文物局. 资料信息：历史文化名镇（村）[EB/OL]. (2014-05-29)
[2018-11-20].http://www.sach.gov.cn/col/col1622/index.html.

钟敬文. 民俗学概论[M].上海：上海文艺出版社,1998.

钟式玉，吴箐，李宇，等. 基于最小累积阻力模型的城镇土地空间重构——以广州市新
塘镇为例[J]. 应用生态学报,2012,23(11):3173-3179.

周本述. 洞庭西山与"商山四皓"[J]. 苏州教育学院学报,1986(3):71.

周存字. 大气主要温室气体源汇及其研究进展[J]. 生态环境,2006,15(6):1397-1402.

周萍，齐扬. 国际文化遗产风险防范的发展与现状[J]. 中国文物科学研究,2015(4):
79-84.

周心琴，陈丽，张小林.近年我国乡村景观研究进展[J].地理与地理信息科学,2005,21
(2):77-81.

朱炳祥,崔应令. 人类学基础[M].武汉：武汉大学出版社,2005.

朱建宁. 展现地域自然景观特征的风景园林文化[J]. 中国园林,2011(11):1-4.

朱晓明.试论古村落的评价标准[J]. 古建园林技术,2001(4):53-55,28.

朱逸涵，唐晓岚. 古村落保护发展中的公地悲剧问题与对策研究——以太湖古村落为
例[J]. 中国名城,2017(5):54-58.

住房和城乡建设部人事司，国务院学位委员会办公室. 增设风景园林学为一级学科论
证报告[J].中国园林,2011(5):4-8.

邹永明. 苏州明月湾古村保护利用的回顾与思考[J].江苏城市规划,2012(9):34-37,48.


·外文文献·

ANTROP M . Landscape change and the urbanization process in Europe[J]. Landscape and
Urban Planning,2004(67):9-26.

ANTROP M. Why landscapes of the past are important for the future [J]. Landscape and
Urban Planning,2005,70(1-2):21-34.

COOK E A , VAN LIER H N. Landscape planning and ecological networks [M].
Amsterdam：Elsevier,1994.

DE BLIJ H J,MULLER P O. Geography,regions and concepts [M]. Hoboken：Wiley,1978.

FORMAN R T T. Land mosaics：The ecology of landscapes and regions [M]. Cambridge：
Cambridge University Press,1995:201-208.

FORMAN R T T,GODRON M. Patches and structural components for a landscape ecology
[J]. Bioscience,1981,31(10):733-740.

JIHONG L I, LIU X. Research of the nature reserve zonation based on the least-coast
distance model[J]. Journal of Natural Resources,2006,21(2):217-224.

KELLY R, MACINNES L, THACKRAY D, et al. The cultural landscape：planning for a
sustainable partnership between people and place[M].London：ICOMOS-UK,2001.

KNAAPEN J P, Scheffer M, Harms B. Estimating habitat isolation in landscape planning
[J]. Landscape and Urban Planning,1992,23(1):1-16.

LANDIS WG. Twenty years before and hence：ecological risk assessment at multiple
scales with multiple stressors and multiple endpoints [J].Human and Ecological Risk
Assessment, 2003,9(5):1317-1326.

LYLE J T . Design for human ecosystem：Landscape, land use, and natural resources[M].

Washington: Island Press, 1999: 125-160.

MARKS R. Conservation and community: the contradictions and ambiguities of tourism in the Stone Town of Zanzibar [J]. Habitat International, 1996, 20(2): 265-278.

MEDINA L K. Commoditizing culture: tourism and Maya identity [J]. Annals of Tourism Research, 2003, 30(2): 353-368.

National Park Service. The secretary of the interior's standards for the treatment of historic properties with guidelines for the treatment of cultural landscapes [R].Washington D.C.: U.S. Department of the Interior National Park Service, 1996.

PALANG H, HELMFRID S, ANTROP M, et al. Rural landscapes: past processes and future strategies[J]. Landscape & Urban Planning, 2005, 70(1-2): 3-8.

PAQUETTE S, DOMON G. Trends in rural landscape development and sociodemographic recomposition in southern Quebec (Canada) [J]. Landscape & Urban Planning, 2001, 55(4): 215-238.

SAUER C O. Recent development in cultural geography [EB / OL]. (1927-01-21) [2018-11-20] .https://www.researchgate.net/publication/284573269_Recent_developments_in_cultural_geography/amp.

SPIRN A W. The language of landscape [M]. New Haven and London: Yale University Press, 1998: 121-132.

STEENEVELD G J, KOOPMANS S, HEUSINEVELD B G, et al. Refreshing the role of open water surfaces on mitigating the maximum urban heat island effect [J]. Landscape and Urban Planning, 2014, 121: 92-96.

STOVEL H. Risk preparedness: a management manual for the world heritage [M]. Rome: ICCROM, 1998.

TURNER B L, SKOLE D L, SANDERSON S, et al. Land-use and land-cover change science/research plan [R]. Stockholm and Geneva: IGBP Report No.35 and IHDP Report No.7, 1995.

TURNER B L, SKOLE D, SANDERSPON S. Land use and land cover change [J]. Ambio, 1992, 21(1): 122.

USEPA (US Environmental Protection Agency).Frame work for ecological risk assessment [Z]. [S.l.]: EPA/630/R-92/001, 1992.

WAGNER P L, MIKESELL M W. Readings in cultural geography [M].Chicago: The University of Chicago Press, 1962.

WALKER S, RYN S V D, COWAN S. Ecological design [M].Washington, D.C.: Island Press, 2007.

WALLER R R. Risk management applied to preventive conservation [EB/OL]. (2010-05-01) [2018-11-20]. http://museum-sos.org/docs/WallerSPNHC1995.pdf.

WHITTLESEY D. Sequent occupance [J]. Annals of the Association of American Geographers, 1929, 19(3): 162-165.

YU K J. Ecologists farmers tourists-GIS support planning of Red Stone Park China [M] // CRAGLIA M, HELLEN C. Geographic information research: bridging the Atlantic. London: Taylor & Francis, 1997: 480-494.

YU K J. Security patterns and surface model in landscape ecological planning [J]. Landscape & Urban Planning, 1996, 36(1): 1-17.

YU K J, LI D H, DUAN T W. Landscape approaches in biodiversity conservation [J]. Chinese Biodiversity, 1998, 6(3): 205-212.